U1011244

高等职业院校系列教材

Photoshop CC
基础与实战项目化教程

沈璇 秦琴 主编
王曦 孙俊菊 陈翔 吴瑕 副主编
李守勤 杨炯 尹梦 沈昱辰 参编

中国轻工业出版社

图书在版编目（CIP）数据

Photoshop CC基础与实战项目化教程 / 沈璇，秦琴主编. —
北京：中国轻工业出版社，2025.1
高等职业院校系列教材
ISBN 978-7-5184-3008-6

Ⅰ. ①P… Ⅱ. ①沈… ②秦… Ⅲ. ①图像处理软件—
教材 Ⅳ. ①TP391.413

中国版本图书馆CIP数据核字（2020）第082933号

责任编辑：崔丽娜　　责任终审：李建华　　整体设计：锋尚设计
策划编辑：张文佳　　责任校对：朱燕春　　责任监印：张京华

出版发行：中国轻工业出版社（北京鲁谷东街5号，邮编：100040）
印　　刷：艺堂印刷（天津）有限公司
经　　销：各地新华书店
版　　次：2025年1月第1版第5次印刷
开　　本：889×1194　1/16　印张：13
字　　数：310千字
书　　号：ISBN 978-7-5184-3008-6　定价：59.80元
邮购电话：010-85119873
发行电话：010-85119832　010-85119912
网　　址：http://www.chlip.com.cn
Email：club@chlip.com.cn

242489J2C105ZBW

前言

随着时代进步和科技发展，国家对于高职院校人才培养越来越重视。高等职业教育注重实际应用能力培养，为企业输送高技能型人才。基于此目标，本书的编写围绕Photoshop项目化教学法来展开，将理论和实践教学相结合，以工作任务为核心，合理化的行为引导为准则，着力提升应用能力。

本书以Photoshop CC 2018软件为基础，将全书分为10个项目，内容框架为“项目提要+学习目标+任务描述+任务解析+任务实现+项目相关知识+项目小结+项目拓展”，且结合Photoshop软件使用技术与其应用领域，由简单到复杂，循序渐进地设置了“卡片和DM单制作”“广告制作”“贺卡制作”“杂志封面及杂志内页制作”“电商平台之首页海报制作”“明信片制作”“界面设计制作”等经典实用任务。

本书特色如下：

1. 语言精练　内容翔实

本书内容讲解细致，操作过程描述翔实易懂，通过简洁生动的语言介绍课程内容和操作技巧，激发读者的学习兴趣，提高读者的操作能力。

2. 情景导入　明确任务

本书每个任务以情景导入的方式开展，明确地告知读者工作任务，激发读者的学习动机与兴趣，提高学习积极性。

3. 注重技能　实用性强

本书将Photoshop软件使用技术与其应用领域相结合，选取了Photoshop软件应用20个任务，贯穿于各个项目中，使读者在学习软件知识的同时，也可了解软件在各领域的应用知识。

本书可作为中、高等职业技术院校相关专业教材，也可作为计算机教育培训机构平面设计师、网络美工、UI设计师、插画师的参考用书。本书配有精美的教学课件、电子资源以及相关素材。

本书由武汉商贸职业学院沈璇老师、湖北科技职业学院秦琴老师担任主编，武汉传媒学院王曦老师、炎黄职业技术学院孙俊菊老师、常州交通技师学院陈翔老师、武汉光谷职业学院吴瑕老师担任副主编，同时参与编写的还有武汉商贸职业学院李守勤、杨炯、尹梦老师以及武汉市仪表电子学校沈昱辰老师。本书在编写过程中参考了大量国内外出版的相关教材和资料，在此谨向相关作者致以诚挚的谢意。由于编写人员水平有限，书中难免存在疏漏之处，敬请广大读者批评指正。

编者

目录

项目 01

Photoshop 工作环境

项目提要

Photoshop是专业的图形图像处理软件，其应用领域涉及平面设计、修复照片、广告摄影、影像创意、艺术文字、网页设计、电商设计、建筑效果图后期修饰、婚纱照片设计、图标设计、界面设计等，是图形图像设计人员的首选软件。本书中将介绍Photoshop CC 2018版本内容。

学习目标

1. 图像基础知识。
2. Photoshop CC 2018工作界面。
3. 文件基本操作。
4. Photoshop 基本技法。
5. 图像的基本操作。

任务一　Photoshop CC 2018安装与启动

任务描述

本任务是完成Photoshop CC 2018软件安装与启动。

任务解析

1. Photoshop CC 2018的安装。
2. Photoshop CC 2018的启动。

任务实现

①将购买的Photoshop CC 2018安装光盘中的文件拷贝到本地磁盘，双击set-up.exe文件运行安装程序。

②首次使用，需要注册一个账号，点击“获取Adobe ID”，如图1-1所示；已经有账号的用户可以直接登录。

图1-1　Photoshop CC 2018安装注册账号

③登录后，安装程序会显示安装进度和时间，如图1-2所示。

④安装完成后，根据提示信息，选择相关选项，进入Internet连接界面。输入安装序列号，待软件激活后，单击“关闭”按钮即可。

⑤选择“开始”→“程序”，单击“Adobe Photoshop CC 2018”，如图1-3所示。

⑥随即启动Photoshop CC 2018，如图1-4所示。

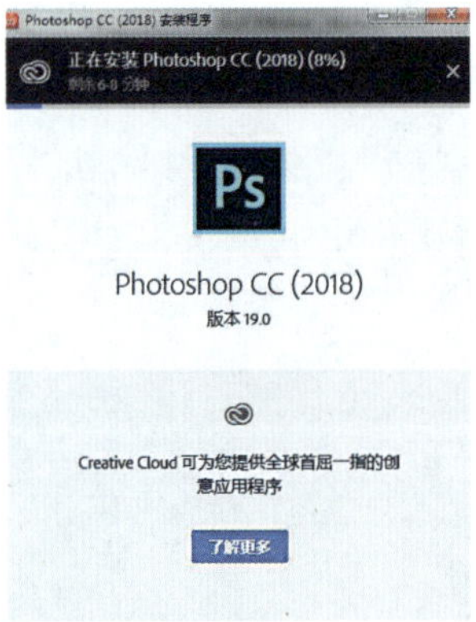

图1-2　安装程序界面

图1-3　运行程序

图1-4　Photoshop CC 2018启动界面

任务二　制作证件照与排版

任务描述

本任务是因S女士刚入职新公司，公司办理新员工工作牌，需提交1寸（2.5厘米×3.5厘米）蓝底免冠照片，时间紧急，S女士决定利用原有2寸（11.6厘米×7.8厘米）白底电子证件照修改成蓝底1寸证件照并排版，效果如图1-5所示。

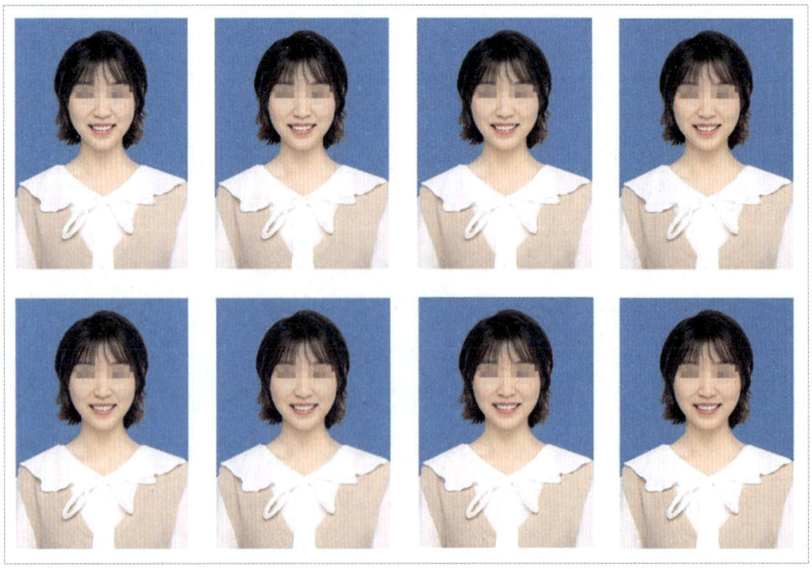

图1-5　证件照效果图

任务解析

1. 打开原证件照素材，裁剪素材大小。
2. 使用快速选择工具选取背景，修改背景颜色。
3. 使用“画布大小”命令，制作证件照周围的白边。
4. 新建文件，对证件照进行排版。

任务实现

①启动Photoshop图像处理软件，单击“文件”→“打开”素材项目一（1.1），如图1-6所示。

②在工具箱中选择“裁剪工具”，在图像中绘制裁剪框，设置选项栏“宽度”为2.5厘米，“高度”为3.5厘米，“分辨率”为300像素/英寸，然后单击选项栏“提交当前裁剪操作”选项，如图1-7所示。

③在工具箱中选择“快速选择工具”，在照片白色背景区域进行拖动，配合选项栏中“添加到选区”和“从选区减去”，将白色背景选中，如图1-8所示。

④设置前景色为蓝色（3c8cdc），如图1-9所示。单击“编辑”→“填充”→“前景色”→“确定”（或按Alt+Delete组合键）填充前景色命令，单击“选择”→“取消选区”（或按Ctrl+D组合键）命令，如图1-10所示。

⑤单击“图像”→“画布大小”命令，默认定位块置于正中央，选中“相对”复选框，调整图片的“宽度”和“高度”均为0.4厘米，“画布扩展颜色”选择白色，如图1-11所示，单击“确定”按钮，

图1-6 打开原素材

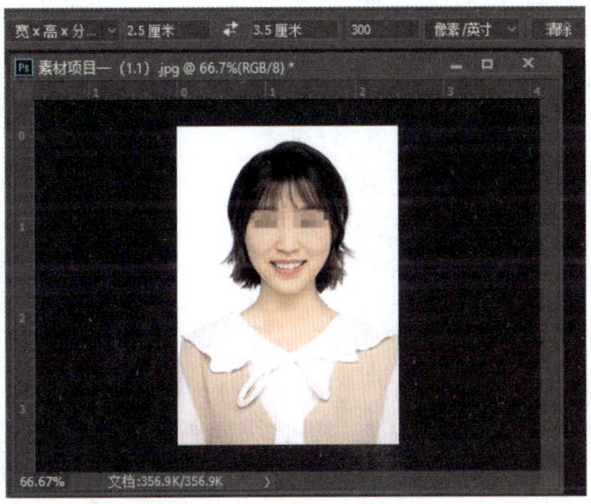

图1-7 裁剪画布

图1-8 选取背景

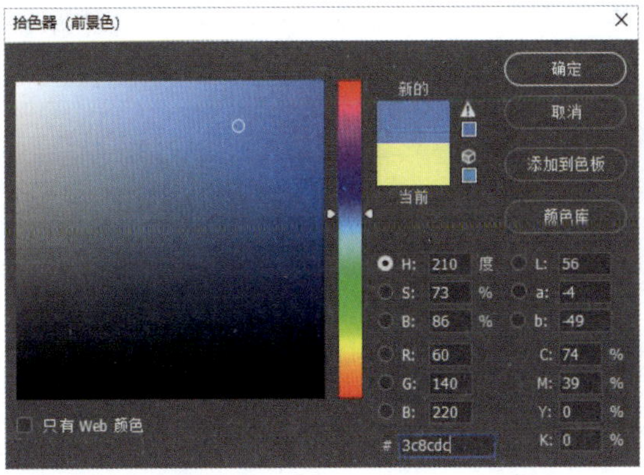

图1-9 设置背景色

图1-10 证件照替换背景颜色

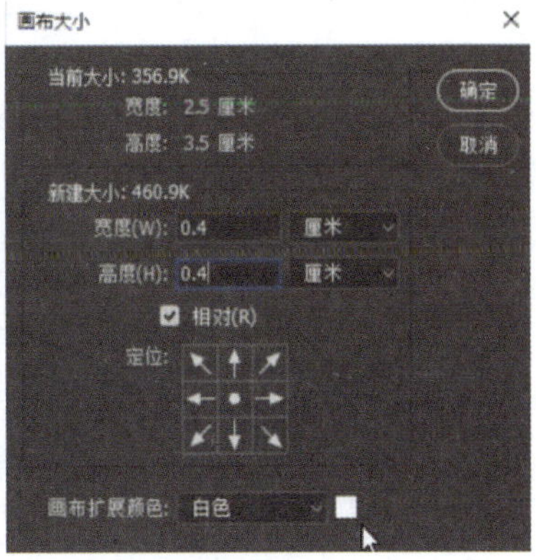

图1-11 设置画布参数

获得带白边的1寸照片单张效果图，如图1-12所示。

⑥单击“文件”→“新建”命令，新建一个文件名为“一寸证件照排版”，“宽度”为11.6厘米，“高度”为7.8厘米，“颜色模式”为CMYK颜色，“分辨率”为300像素/英寸的文件，如图1-13所示。

⑦单击素材项目一（1.1）选项卡，单击“编辑”→“拷贝”（或按Ctrl+C组合键）→“粘贴”（或按Ctrl+V组合键）命令，将编辑好的证件照复制到“一寸证件照排版”选项卡中，选择工具箱中“移动工具”，将照片移动至画布左上角，按住【Alt】键，用鼠标拖移证件照进行复制，并均匀排满画布，如图1-14所示。

⑧单击“文件”→“存储”命令保存文件。

图1-12　证件照带白边效果图

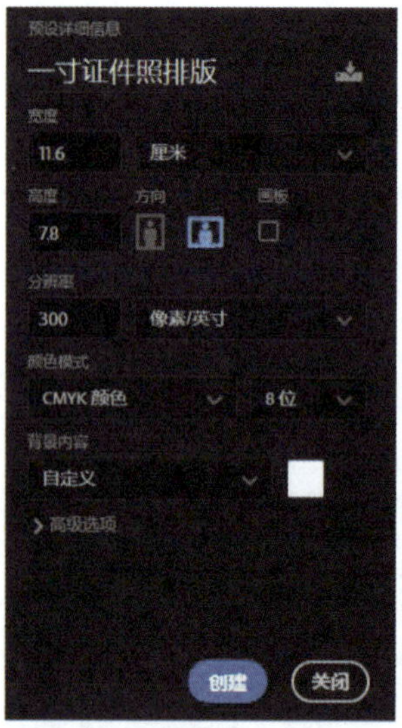

图1-13　“新建”文件

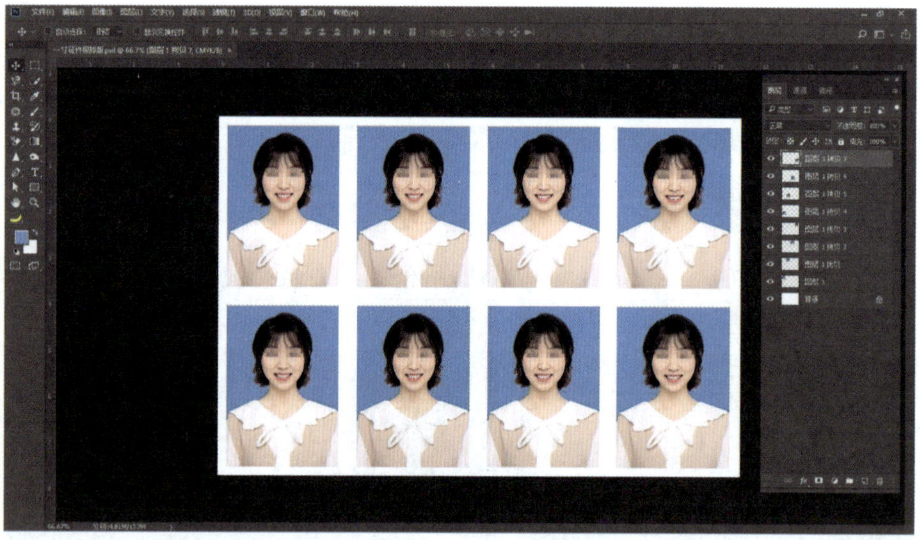

图1-14　证件照排版效果图

Ps 提示

当步骤⑤完成后，单击“编辑”→“定义图像”，将裁剪好的照片定义图案，新建排版文件，再执行“编辑”→“填充”命令也可得到最终效果。

项目相关知识

一、图像基础知识

使用Photoshop进行图形图像设计和处理前，需要了解一些图形图像处理的基础知识，以便设计、制作出更好的作品。

1. 位图与矢量图

（1）位图

位图图像也称为点阵图、像素图，是由很多个彩色的方块构成。每个方块代表一个像素，这些不同颜色的像素排列在一起便成了一副完整的图像。图像像素点越多，分辨率越高，图像越清晰、细腻。位图的特点是可以精细地记录色调丰富的图像，很容易在不同的软件之间转换。位图文件占磁盘空间较大，放大后容易失真，如图1-15所示。

（2）矢量图

矢量图是根据几何特性来绘制的图形，其中矢量可以是一个点或一条线。矢量图只能靠软件生成，且文件占磁盘空间小。由于这种类型的图形文件包含独立的分离图像，因此可以自由无限地重新组合。它的特点是放大后图形不会失真，和分辨率无关，适用于图形设计、文字设计、标志设计、版式设计等。

矢量图最大的缺点是难以表现色彩层次丰富的逼真图像效果。但是，矢量图无限放大不模糊，大部分位图都是由矢量导出来的，也可以说矢量图就是位图的源码，而源码是可以编辑的。矢量图放大前后对比图如图1-16所示。

2. 像素与分辨率

（1）像素

像素是位图图像的基本单位，像素尺寸是指位图图像的高度和宽度所包含像素的数量，也就是说，一个位图的大小由组成它的像素的多少决定。同一幅图像的像素大小是固定的，像素越高，图像就越细腻、自然，图像也越大。

（a）位图放大前　（b）位图放大后

图1-15　位图放大前后对比图

（a）矢量图放大前　（b）矢量图放大后

图1-16　矢量图放大前后对比图

单个像素尺寸与分辨率有关，分辨率越小，像素尺寸就越大。高分辨率的图像比低分辨率的图像包含的像素多。与低分辨率的图像相比，高分辨率的图像可以呈现更多细节和更细微的颜色过渡，因为高分辨率图像中的像素密度高。在图像打印时，图像画质清晰需要较高的分辨率。

（2）分辨率

分辨率通常分为显示分辨率、图像分辨率和输出分辨率等。

显示分辨率是指显示屏幕上能够显示的像素个数，通常用显示器水平和垂直方向上能够显示的像素个数的乘积来表示。如显示器的分辨率为1024×768，则表示该显示器在水平方向可以显示1024个像素，在垂直方向可以显示768个像素，共可以显示786432个像素。显示器的显示分辨率越高，显示的图像越清晰。

图像分辨率是指图像中存储的信息量。图像分辨率有多种衡量方法，通常用图像在长和宽方向上所包含的像素个数的乘积来表示，如640×480；在某些情况下，它也可以用ppi（pixels per inch，每英寸的像素数）来衡量。图像分辨率既反映了图像的精细程度，又表示了图像的大小。在显示分辨率的情况下，图像分辨率越高，图像越清晰，同时图像也越大。

输出分辨率是指输出设备（主要指打印机）在每个单位长度内所能输出的点数，通常用dpi（dots per inch，每英寸的点数）来表示。输出分辨率越高，则输出的图像质量就越好。目前一般激光打印机和喷墨打印机的分辨率都在600dpi以上。若打印文本600dpi已经达到相当出色的质量，打印黑白照片，最好用分辨率在1200dpi以上的喷墨打印机，打印彩色照片则分辨率最好是4800dpi或更高。

3. 颜色模式

图像的颜色模式是将某种颜色表现为数字形式的模型，或者说是一种记录图像颜色的方式。图像颜色分为RGB模式、CMYK模式、Lab颜色模式、HSB模式、位图模式、灰度模式、索引颜色模式、双色调模式和多通道模式，下面列举几种常见模式。

（1）RGB模式

RGB代表红、绿、蓝三种通道的颜色，并可通过这三种颜色的变化以及它们相互之间的叠加得到各种各样的颜色。RGB模式几乎包括了人类视力所能感知的所有颜色，是目前运用较为广泛的颜色模式之一。

（2）CMYK模式

CMYK模式是一种印刷模式。这四个字母分别指青（Cyan）、洋红（Magenta）、黄（Yellow）、黑（Black），在印刷中代表四种颜色的油墨。CMYK模式在本质上与RGB模式没有区别，只是产生色彩的原理不同：RGB模式中由光源发出的色光混合生成颜色；而在CMYK模式中光线照到有不同比例C、M、Y、K油墨的纸上，部分光谱被吸收，剩余的光反射到人眼从而产生颜色。由于C、M、Y、K在混合成色时，随着C、M、Y、K四种成分的增多，反射到人眼的光会越来越少，光线的亮度会越来越低，所以CMYK模式产生颜色的方法又被称为色光减色法。

（3）Lab颜色模式

Lab颜色是由RGB三基色转换而来的，它是由RGB模式转换为HSB模式和CMYK模式的桥梁。该颜色模式由一个发光率（Luminance）和两个颜色（a，b）轴组成，其中，a表示从洋红至绿色的范围；b表示黄色至蓝色的范围。它由颜色轴所构成的平面上的环形线来表示色的变化，其中径向表示色饱和度的变化，自内向外，饱和度逐渐增高；圆周方向表示色调的变化，每个圆周形成一个色环；而不同的发光率表示不同的亮度并对应不同的环形颜色变化线。它是一种“独立于设备”的颜色模式，即无论使用何种监视器或者打印机，Lab的颜色不变。

（4）灰度模式

灰度模式可以使用多达256级的灰度来表现图像，使图像的过渡更平滑细腻，灰度图像的每一个像素都有一个0（黑色）到255（白色）的亮度值。灰度值也可以用黑色油墨覆盖的百分比来表示（0等于白色，100%等于黑色）。

4. 图像文件存储格式

图像文件的存储格式有很多种，每种格式都有不同的特点和应用范围，可根据不同的需求，将图像文件保存为不同的格式。下面列举几种目前常见的文件格式。

（1）PSD

PSD格式是Photoshop的专用格式。这种格式可以将Photoshop的图层、通道、参考线、蒙版和颜色模式等信息都保存起来，以便于图像的修改，它是一种支持所有图像颜色模式的文件格式。

（2）JPEG

JPEG格式是采用JPEG（Joint Photographic Experts Group，联合图像专家组）压缩标准进行压缩的图像文件格式（JPG为JPEG缩写），可以选用不同的压缩比，是一种有损压缩技术。由于它的压缩比可以很大，文件较小，因此是因特网上最常用的图像文件格式之一。

（3）BMP

BMP是Windows系统下的标准图像格式。这种格式不采用压缩技术，所以占用磁盘空间较大。

（4）GIF

GIF（Grgphics Interchange Format，图形交换格式）是一种采用LZW算法压缩的8位图像文件格式。该格式的文件可以同时存储若干幅静止图像进而形成连续的动画，可指定透明区域，文件较小，适合网络传播。LZW是一种无损压缩技术，该技术在压缩包含大面积单色区域的图像时最有效。

（5）TIFF

TIFF（Tagged Image File Format，标记图像文件格式）被许多图形图像软件所支持，是一种灵活的位图图像格式。TIFF格式支持具有Alpha通道的CMYK、RGB、Lab等多种颜色模式。Photoshop在该格式中能存储图层信息，但在其他应用程序中打开该类文件只会看到拼合后的图像。TIFF格式常用于在不同应用程序和不同操作系统之间交换文件。

（6）PNG

PNG（Portable Network Graphic，可移植网络图形格式）是一种位图文件存储格式，它采用LZ77派生的无损数据压缩算法。用PNG的格式来存储灰度图像时，灰度图像的颜色位深度可多达16位；存储彩色图像时，图像的颜色位深度可多达48位，并且还可存储多达16位的α通道数据。PNG格式具有高保真性、透明性、文件体积较小等特征，被广泛应用于网页设计、平面设计中。

（7）PDF

PDF（Portable Document Format，可移植文件格式）与软件、硬件和操作系统无关，是一种跨平台的文件格式，便于交换文件与浏览，它支持RGB、CMYK、Lab等多种颜色模式。

二、Photoshop CC 2018工作界面

1. Photoshop CC 2018预览面板

启动Photoshop CC 2018后，将出现全新的预览面板，可以显示最近打开的文件和近期作品，左边有“最近使用项”“CC文件”“LR照片”“新建”“打开”，如图1-17所示。

(1)“最近使用项”选项

安装Photoshop CC 2018软件后第一次启动时，将默认打开“最近使用项”选项界面，会显示“开始新任务”快捷按钮。下次再启动Photoshop软件时，此处将自动显示最近打开的文件和作品缩略图，单击任意一个作品，即可进入Photoshop CC 2018的工作窗口。

(2)“CC文件”选项

Creative Cloud简称CC。Adobe Creative Cloud账户可在线存储，所以资源可以在任何地方和任何设备或计算机上使用。可以在计算机、平板计算机和智能手机的网页浏览器直接预览许多创意素材类型。这些类型包括：PSD、AI、INDD、JPG、PDF、GIF、PNG、Photoshop Touch以及许多其他类型。在图1-17界面中单击“CC文件”选项，将打开使用CC文件界面。在该界面中单击“在Web上查看”按钮，即可打开登录界面，输入Adobe ID号和密码即可使用Creative Cloud资源。

(3)“LR照片”选项

Lightroom简称LR。通过“搜索”或“开始屏幕”，直接在Photoshop中从Lightroom云服务中获取照片。借助所有Creative Cloud摄影桌面和移动应用程序之间的更加深入的集成，所用照片均会进行同步，并且可以从任何位置进行访问。

(4)“新建”按钮

单击“新建”按钮，即可新建一个“.psd”文件。

(5)“打开”按钮

单击“打开”按钮，将弹出“打开”对话框。在该对话框中用户可以选择并打开已有的文档和图片。

图1-17 “CC文件”选项

2. 菜单栏

菜单栏中集合了Photoshop CC 2018中的各种命令，单击菜单名称可以打开相应的菜单，每个命令后面标注了执行该命令所对应的快捷方式，如图1-18所示。

3. 工具栏与选项栏

（1）工具箱

工具箱中集合了处理图像时需要的所用工具，如选区工具、绘图工具、文字工具、图像编辑工具及其他辅助工具。在默认状态下，工具箱位于窗口的左侧，如图1-19所示。

图1-18　菜单栏

- 文件菜单：主要用于完成Photoshop CC 2018文件的相关操作，如文件的打开、关闭、存储、导入、置入以及打印等。
- 编辑菜单：主要用于在处理图像时执行剪切、拷贝、粘贴、变换以及定义图案等操作。
- 图像菜单：主要用于设置有关图像的各项属性，包括设置图像的颜色模式、颜色、色调、图像大小、画布大小等。
- 图层菜单：主要用于执行有关图层的各种操作，包括新建、复制、图层蒙版、矢量蒙版、链接图层、合并图层等。
- 文字菜单：主要用于文字格式的设置，包括单个汉字或段落的设置。设置格式的功能有消除锯齿、文本排列方向、文字变形、语言选项和文字样式等。
- 选择菜单：主要用于完成相应的选择操作，如修改、取消、存储选区和载入选区等。
- 滤镜菜单：主要用于各种滤镜命令。使用“滤镜”命令，可以快速得到许多奇妙的图像效果。
- 3D菜单：主要用于3D图层的建立、合并、导出以及对3D模型渲染上色等。此外，还可以通过对参数的设置来控制、添加、修改场景、灯光和材质等。
- 视图菜单：主要用于对Photoshop CC 2018的显示方式、显示内容进行控制。这些操作对图像本身没有任何影响，而且能够很好地协助用户顺利地进行图像的处理工作。
- 窗口菜单：主要用于控制打开的图像文档，控制选项卡的显示、隐藏以及排列方式等，最下端是当前文档的名称。使用其中的“工作区”命令可以对当前窗口的布局进行保存和恢复。
- 帮助菜单：主要为初学者提供一些软件操作的相关问题和解决方法。

图1-19　工具箱

Ps 提示

用鼠标单击工具箱中的 按钮，界面会显示“编辑工具栏”按钮，鼠标单击进入“自定义工具栏”，用户可以在此找到所有应用工具的隐藏位置，也可对其快捷键进行设置。当工具栏中找不到 按钮时，长按工具栏中的最后一个工具选项，可打开其他隐藏的使用工具以及“自定义工具栏”对话框。

（2）选项栏

选项栏又称属性栏，通常位于菜单栏下方。它是各工具参数设置的控制中心，当在工具箱中选择一项工具后，便会在菜单下方出现与之相对的工具选项栏。工具选项栏用于设置当前所选的工具参数，如图1-20所示。

4. 状态栏

状态栏位于图像窗口的底部，用于显示图像文件的显示比例、文件大小等，如图1-21所示。

根据用户的需要还可以定制状态栏，在状态栏上单击小箭头符号，在弹出的快捷菜单中选择需要显示的内容即可，如图1-22所示。

5. 面板组

面板组是用于配合图像编辑、查看以及设置的窗口。默认显示的面板组有“基本功能”面板组（图1-23）、“图形和Web”面板组等，面板组默认放置在界面的右边，单击工具选项栏最右边的“面板组”图标，可在面板组中选择切换。

图1-20　选项栏

图1-21　状态栏

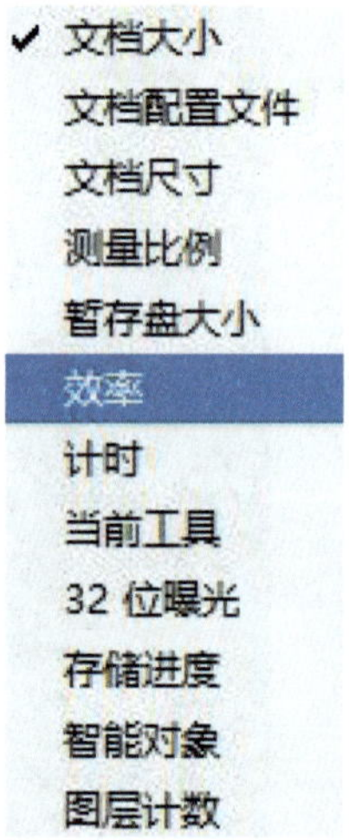

图1-22　定制状态栏

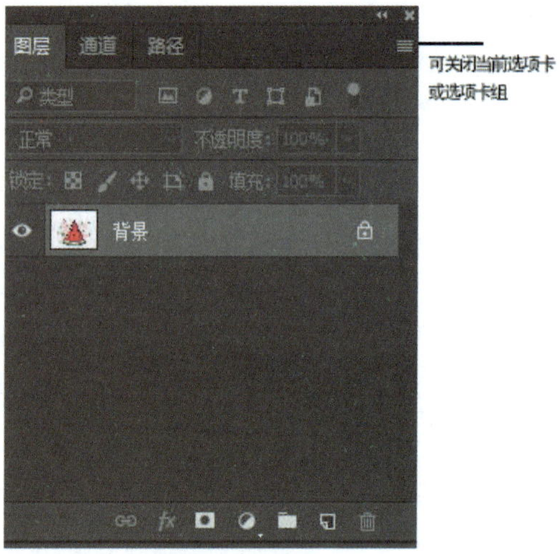

图1-23　“基本功能”面板组

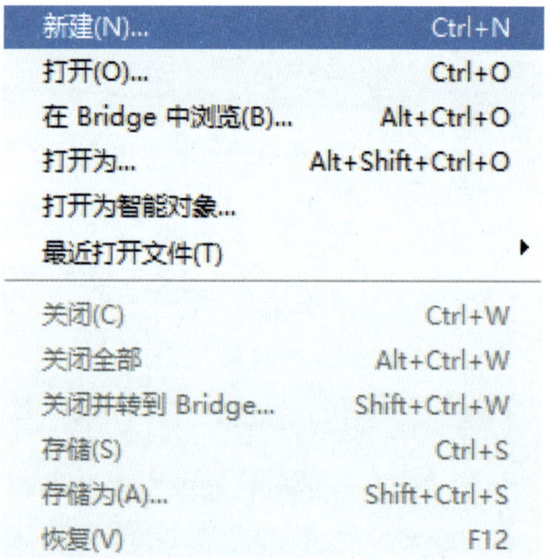

图1-24　通过菜单新建文件

三、文件的基本操作

1. 新建图像文件

在绘制一幅新图像之前，首先需要新建图像文件。在Photoshop CC 2018中，不仅可以根据自己已有的文档大小创建，还可以预先设置格式文档的预设开始，也可以利用模板和启动器创建文档。

（1）根据预设和模板样式创建文档

启动Photoshop CC 2018，在开始工作区界面中单击“新建”按钮（图1-17）。启动Photoshop CC 2018后在工作界面中单击“文件”→“新建”命令，如图1-24所示。

单击“新建”命令后弹出“新建文档”对话框，对话框的最上端有8个选项，其中包括最近使用项、已保存、照片、打印、图稿和插图、Web、移动设备、胶片和视频，如图1-25所示。

（2）创建空白文档预设样式

在选择样式后，单击对话框右下角的“创建”按钮即可。若根据模板样式创建图像文件，则先下载需要的模板样式，在选择模板样式后，单击对话框右下角的“下载”按钮，下载完成后，单击“打开”按钮，即可创建一个新的文档。

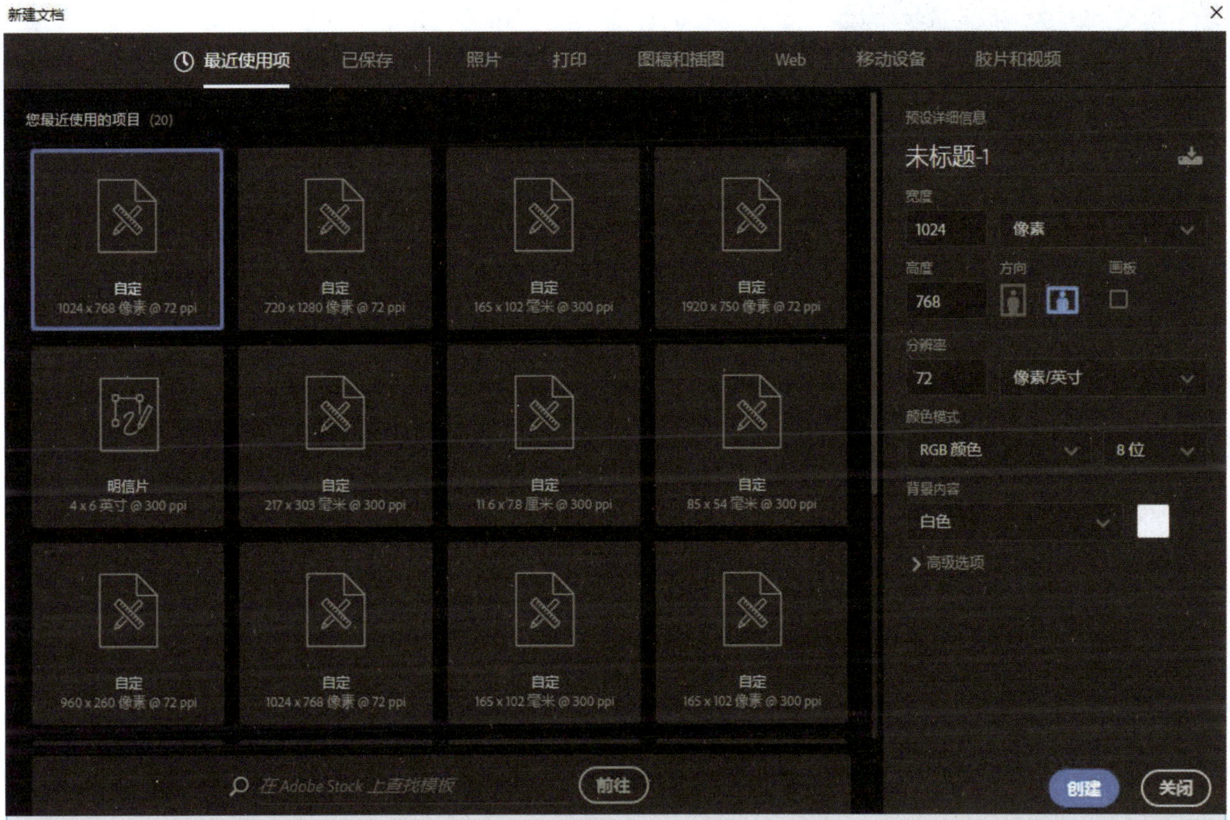

图1-25 “新建文档”对话框

- 最近使用项：在该选项界面中可以选择剪贴板内容的大小或根据已有的文档大小创建。
- 已保存：在该选项中，可选择已保存的预设样式。
- 照片：在该选项中，提供了空白文档预设和照片格式模板，用户可根据需要进行创建。
- 打印：在该选项中，提供了空白文档预设和类似的模板样式。
- 图稿和插图：在该选项中，提供了多种图稿与插图样式，如海报、明信片等样式，用户可根据需要选择创建。
- Web选项：该选项是基于网页为模样提供的空白文档预设和网页模板样式，用户可根据需要选择创建。
- 移动设备：在该选项中，用户可根据需要选择要创建的移动设备设计样式。
- 胶片和视频：在该选项中，用户可根据需要选择要创建的胶片图像文档样式和视频图层样式。

（3）自定义创建文档

在Photoshop CC 2018中，用户也可以根据需要直接自定义创建文档，在“新建文档”对话框的右侧直接输入要创建文档的名称、宽度、高度、分辨率、颜色模式和背景内容等信息，如图1-26所示。设置完成后，单击“创建”按钮即可创建一个新文档。若取消创建文档，则单击“关闭”按钮。

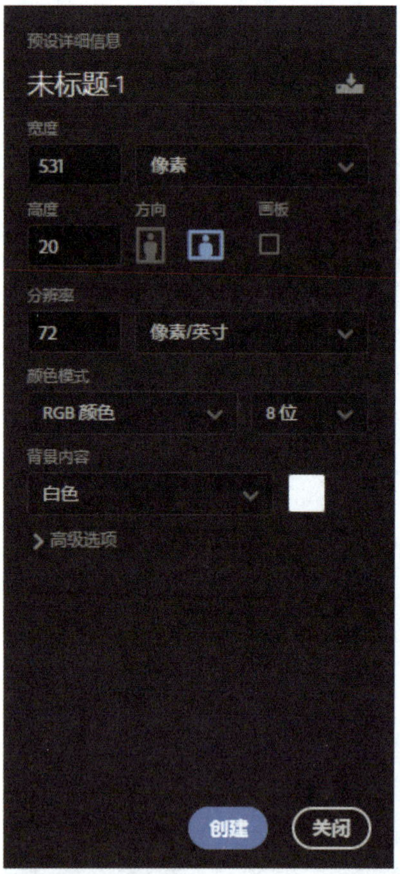

图1-26 自定义创建文档

提示 在Photoshop CC 2018中，用户可以通过“编辑”→“首选项”→“常规”内勾选【使用旧版“新建文档”界面】来设置新建文档对话框。勾选后，“新建文档”将提示为经典版，如图1-27所示。

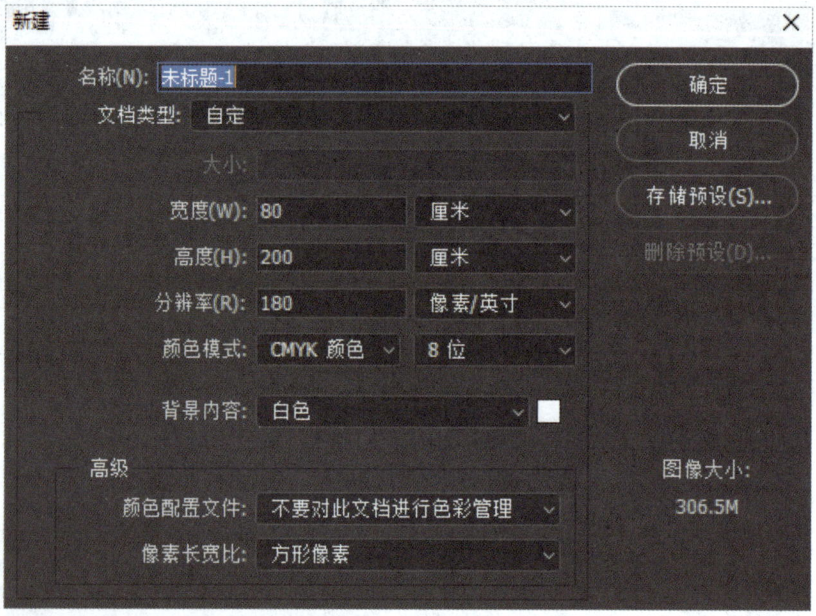

图1-27 经典版“新建文档”对话框

2. 打开图像文件

在进行设计时，有时会直接在一个图像文件上进行制作，此时只需打开图像文件即可。

①启动Photoshop CC 2018，在开始工作区界面中单击“打开”按钮。启动Photoshop CC 2018后在工作界面中，单击“文件”→“打开”命令，如图1-28所示。

②在弹出的“打开”对话框中选择图形文件，单击“打开”按钮，即可打开图像文件。

3. 保存文件

在设计过程中，需要将文件保存以便日后继续编辑，此时应将文件以PSD格式保存。单击“文件”→“存储”命令，将弹出“另存为”对话框，设置文件名及保存路径后，单击“保存”按钮即可，如图1-29所示。

4. 关闭文件

（1）保存后关闭

当文件被保存后，就可以将其关闭了，单击“文件”→“关闭”（或按Ctrl+W组合键）命令，可以关闭当前打开的文件，如图1-30所示。

(2) 退出程序

单击“文件”→“退出”命令，如图1-31所示，或单击程序窗口右上角的按钮，可以关闭文件，并退出Photoshop CC 2018。如果文件没有保存，将会弹出一个对话框，询问是否保存文件。

图1-28 “打开”命令

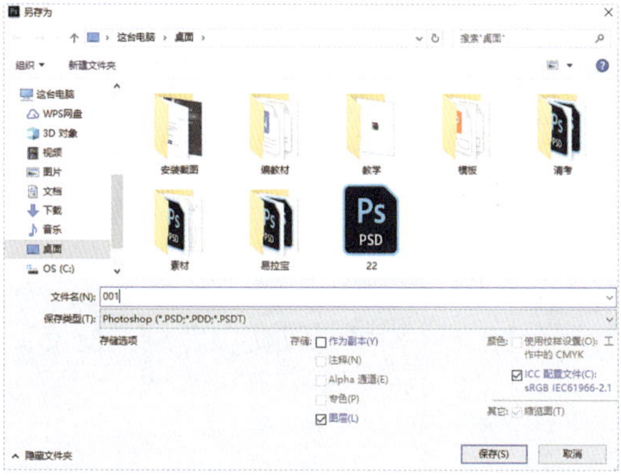

图1-29 “另存为”对话框

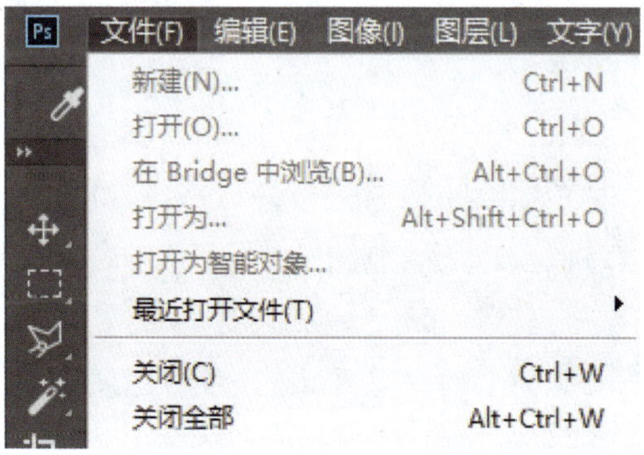

图1-30 “关闭”命令

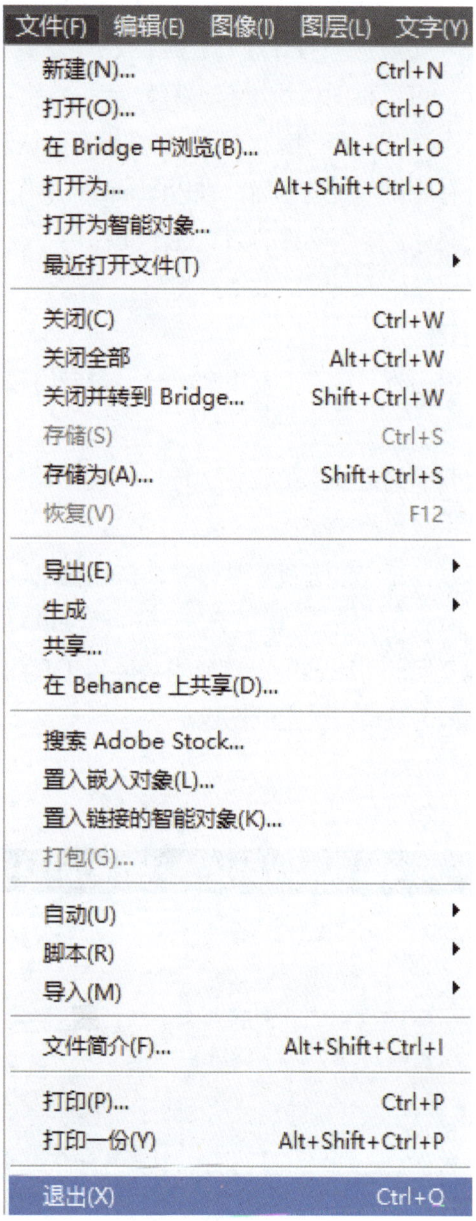

图1-31 “退出”程序命令

四、Photoshop基本技法

1. 缩放工具的使用

选择“缩放”工具，在图像窗口中单击，图像将以单击处为中心放大显示一级；按住鼠标左键拖曳，拖出一个矩形虚线框，释放鼠标按键后即可将虚线框中的图像放大显示。如果按住【Alt】键在图像窗口中单击，图像将以单击处为中心，缩小显示一级。图1-32为缩放工具的选项栏。

2. 抓手工具的使用

图像放大显示后，如果全部图像无法在窗口中完全显示，可以利用“抓手”工具在图像中按住鼠标左键拖动，查看图像的不同区域。

在使用“抓手”工具时按住【Ctrl】键或【Alt】键，可以暂时切换为“放大”或“缩小”工具；双击“抓手”工具，可以将图像适配至屏幕显示；当使用工具箱中的其他工具时，按住空格键，可以暂时将当前工具切换为“抓手”工具。松开空格键又会恢复原先的工具。图1-33为抓手工具的选项栏。

选中“滚动所有窗口”复选框后，在Photoshop工作区内，同时打开几个文件时，使用抓手工具可以同步滚动这几个文件，单个文件时该属性不起作用。

抓手工具选项栏其他选项与缩放工具相同。

3. 使用辅助工具

在绘制精确的图形时，常常需要用到标尺、参考线和网格等辅助工具。

（1）标尺

标尺可以帮助我们确定图像的位置，选择“视图”→“标尺”命令（或按Ctrl+R组合键），可以显示或隐藏标尺。

双击标尺，可以打开“首选项”对话框，在这里可以设置标尺的单位，如图1-34所示。

（2）参考线

在标尺上拖拽鼠标，可以拖曳出参考线。使用工具箱中的“移动工具”，可以改变参考线的位置，结合标尺上的数值，可以精确地定位图像。

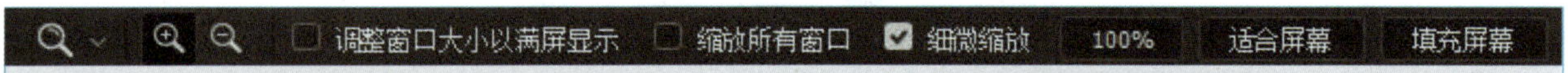

图1-32 缩放工具选项栏

- 按下按钮后，单击可完成放大的操作；按下按钮后，单击可以完成缩小的操作。
- 调整窗口大小以满屏显示：选中该复选框后，在缩放窗口的同时可以自动调整窗口的大小。
- 缩放所有窗口：选中该复选框后，可以同时缩放所有打开的文档窗口。
- 细微缩放：选中该复选框后，在画面中单击并向左或向右拖动鼠标指针，能以平滑的方式快速放大或缩小窗口。
- 100%显示：单击该按钮，图像以实际像素即100%的比例显示，双击缩放工具也可完成该调整。
- 适合屏幕：单击该按钮，可以在窗口中最大化显示完整的图像。双击抓手工具也可以完成该调整。
- 填充屏幕：单击该按钮，可以在整个屏幕范围内最大化显示完整的图像。

图1-33 抓手工具选项栏

（3）网格

网格主要用于对齐参考线，以便用户在编辑操作中对齐图像，选择“视图”→“显示”→“网格”命令，可以显示网格，效果如图1-35所示。

4. 屏幕显示

选择“视图”→“屏幕模式”命令，可以在弹出的下拉菜单中进行屏幕显示模式的选择。

标准屏幕模式：默认的屏幕模式，可以显示菜单栏、标题栏、滚动条和其他屏幕元素。

带有菜单栏的全屏模式：菜单栏和50%的灰度背景、无标题栏和滚动条的全屏窗口。

全屏模式：显示黑色背景、无标题栏、菜单栏和滚动条的全屏窗口。

按【F】键可以在各个屏幕模式之间来回切换。按【Tab】键可以显示或隐藏工具箱、面板、工具选项栏；按【Shift+Tab】组合键可以隐藏或显示面板。

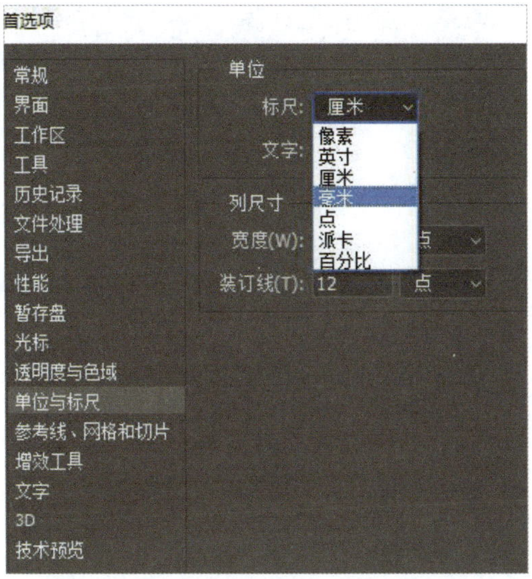

图1-34 修改标尺刻度单位

图1-35 显示网格

五、图像的基本操作

1. 图像的移动

使用“移动”工具，不仅可以在文档中移动图层、选区内的图像，还可以将其他文档中的图像移动到当前文档中。利用“移动”工具移动图像的方法非常简单，只需在要移动的图像内拖移鼠标指针，即可移动图像的位置。图1-36为移动工具的选项栏。

（1）在同一个文档中移动图像

选中移动工具后，在要移动的图像或选区内拖移鼠标指针，即可移动图像的位置，如图1-37、图1-38所示。

使用移动工具时，按住【Alt】键在同一个文档中拖动图像可以复制图像，同时生成一个新的图层。

（2）在不同的文档之间移动图像

打开多个文档时，若将当前文档移至其他文档中，只需选择“移动”工具，将鼠标指针放在当前文档中，单击并拖动鼠标指针至另一个文档的标题栏，停留片刻后切换到该文档，移动鼠标指针到画面中松开鼠标按键即可。在移动图像时，按住【Shift】键可以确保图像在水平、垂直或45°的倍数方向上移动。

使用“移动”工具时，也可以使用方向键实现轻微移动，每按一次可以将对象移动一个像素，如果按住【Shift】键的同时按方向键，可每次移动10个像素的距离。

图1-36 移动工具的选项栏

- 自动选择：如果文档中包含多个图层或组，选中该选框后，在下拉列表中选择“组”，表示使用移动工具在文档中单击时，可以自动选择工具下包含像素的最顶层的图层所在的图层组；如果选择“图层”，表示使用移动工具在文档中单击时，可以自动选择工具下面包含像素的最顶层的图层。
- 显示变换控件：选中该复选框后，选择一个对象时，会在图像对象四周出现定界框，我们可以控制其进行变换操作。
- 对齐图层：选择两个或两个以上的图层后，可单击相应的按钮将所选的图层对齐。分别是顶对齐、垂直居中对齐、底对齐、左对齐、水平居中对齐和右对齐。
- 分布图层：如果选择了3个或3个以上的图层，可单击相应的按钮使图层按照一定的规则分布。分别是按顶分布、垂直居中分布、按底分布、按左分布、水平居中分布和按右分布。

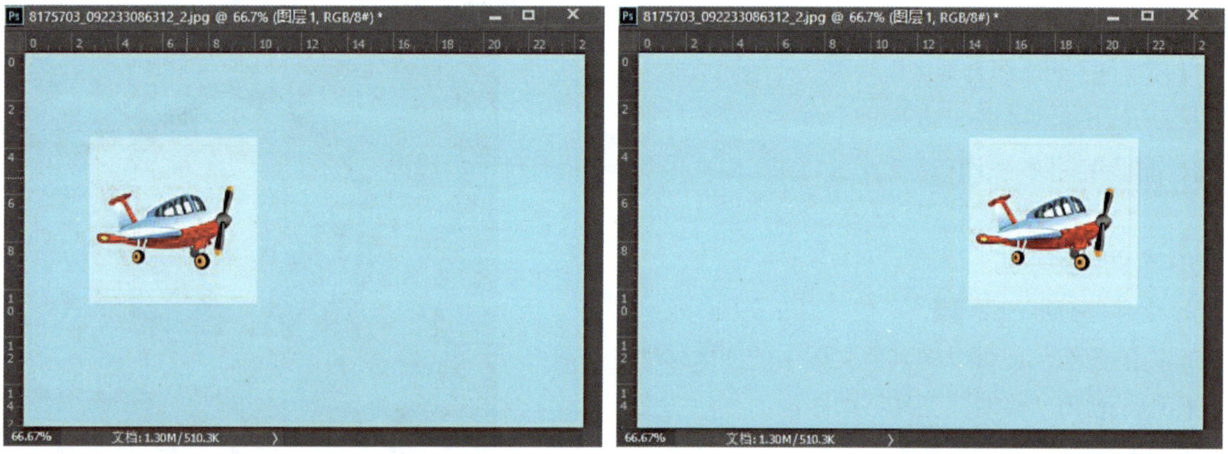

（a）原位置 （b）移动后

图1-37 移动图像位置

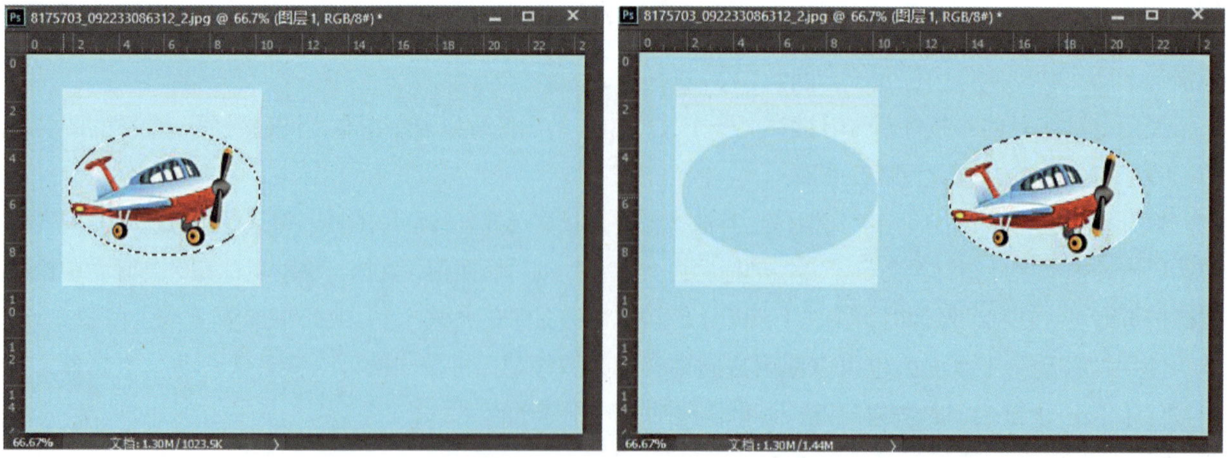

（a）原位置 （b）移动后

图1-38 移动选区里的图像

2. 图像复制

创建选区之后，单击“编辑”→“拷贝”（或按Ctrl+C组合键）命令，可以将选区内的图像复制到剪贴板，画面中的内容不变。

3. 图像粘贴

将图像复制到剪贴板之后，单击“编辑”→“粘贴”（或按Ctrl+V组合键）命令，可以将剪贴板中的图像复制到当前文档中。

4. 清除图像

在图像中创建选区之后，单击“编辑”→“清除”命令，可以清除选区内的图像。

如果清除的是背景层上的图像，被清除的部分会被背景色填充；如果清除的是其他图层上的图像，会删除选中的图像。

如果要删除一个或多个图层中的所有图像的内容，可以在选中之后按下【Delete】键。

5. 变换图像

在图像处理过程中经常需要对图像进行变换操作，从而使图像的大小、方向、形状或透视呈现理想效果。

除了在使用“移动”工具时通过选中“显示变换控件”来变换图像，单击“编辑”→“自由变换”（或按Ctrl+T组合键）命令，都可以完成对图像的变换。

6. 裁剪图像

为了使所编辑的图像构图更加完美，有时需要裁剪图像，以便删除多余的内容。

裁剪工具可以裁剪图像，重新定义画布大小。选择该工具之后，在画面中单击并拖出一个矩形定界框，按下【Enter】键，就可以把定界框之外的图像裁剪掉。图1-39为裁剪区域前的工具选项栏。

图1-39　裁剪工具选项栏

- 宽度/高度/分辨率：可输入具体的数值，裁剪后的图像尺寸由输入的数值决定，与鼠标画出的裁剪区域没有关系。
- 清除：单击该按钮，可以清除“宽度”“高度”和“分辨率”文本框中的数值。
- 拉直：单击该按钮，可以在图像上画一条线来拉直校正图像。
- 设置裁剪工具的叠加选项：单击该按钮，在构图上为裁剪提供了参考线，包括三等分、网格、对角、三角形、黄金比例、金色螺线六种构图原则。
- 设置其他裁切选项：单击该按钮，出现三种裁剪模式的选择，使用经典模式可移动并旋转裁剪框；显示裁剪区域，使用时可显示裁剪框外部的图像部分；自动居中预览，使用时可使裁剪框用于画布中央。同时，该菜单还可以设置画布的颜色和不透明度。
- 删除裁剪的像素：取消勾选“删除裁剪的像素”复选框后的裁剪操作并不会永久删除裁剪像素，只是隐藏起来，当需要将隐藏区域调出时，调整裁剪边框即可。
- 内容识别：选中“内容识别”复选框，可以自动分析并填充缺失的像素内容。

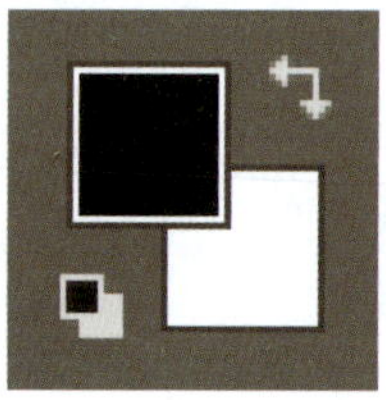

图1-40　颜色设置

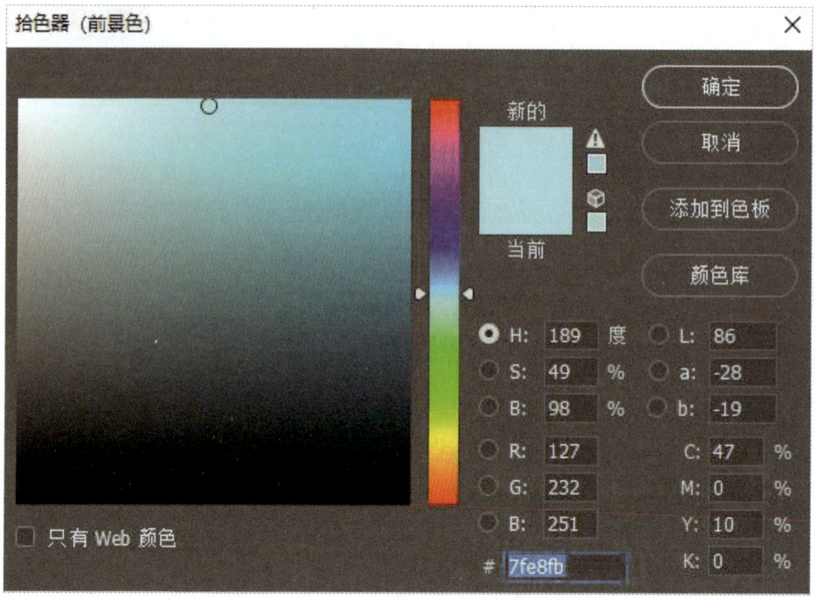

图1-41　“拾色器”对话框

7. 设置颜色

Photoshop工具箱下方有一组前景色和背景色设置图标，如图1-40所示。前景色决定使用绘画工具、文字工具的颜色；背景色决定了使用橡皮擦工具时被擦除区域所呈现的颜色。

（1）修改前景色和背景色

默认情况下，前景色为黑色、背景色为白色。单击设置前景色和背景色图标，可以打开“拾色器”对话框，即可修改颜色，如图1-41所示。

（2）切换前景色和背景色

单击切换前景色和背景色图标，或者按下【X】键，可以切换前景色和背景色的颜色。

（3）恢复为默认的前景色和背景色

修改了前景色和背景色之后，单击默认颜色图标，或按下【D】键，可以将它们恢复为系统默认的颜色。

8. 恢复操作

（1）还原

选择“编辑”→“还原”（或按Ctrl+Z组合键）命令，可以撤销对图像所做的最后一步操作。

（2）前进一步与后退一步

如果要连续还原多步操作，可以连续选择“编辑”→“后退一步”命令（或按Alt+Ctrl+Z组合键）；如果要取消还原，可以连续选择“编辑”→“前进一步”命令，（或按Shift+Ctrl+Z组合键）。

（3）使用历史记录面板

使用Photoshop时对图像进行的所有操作步骤，都会记录在“历史记录”面板中。选择“窗口”→“历史记录”命令，可以打开“历史记录”面板，如图1-42所示。

9. 调整图像文件的大小

图像文件的大小是由文件尺寸（宽度、高度）和分辨率决定的，当图像的宽度、高度和分辨率无法符合设计要求时，需要对其进行修改。

单击“图像”→“图像大小”命令，在打开的“图像大小”对话框中进行设置，即可对图像的大小进行修改。修改像素大小不仅会影响图像在屏幕上的视觉大小，还会影响图像的质量及其打印特性，同时也影响其空间大小，如图1-43所示。

当我们修改宽度和高度数值之后，新文件的大小会出现在对话框顶部，旧文件的大小会显示在括号内，如图1-44所示。

10. 调整图像画布

画布是指整个文档的工作区域，图1-45为画布大小的对话框。单击“图像”→“画布大小”命令，在打开的对话框中可以修改画布的尺寸。

- 设置历史记录画笔的源图像：该图标所在的位置将作为历史记录画笔的源图像。
- 从当前状态创建新文档：单击该按钮，可以基于当前步骤中图像的状态创建一个新的文件。
- 创建新快照：单击该按钮，可以基于当前步骤中图像的状态创建快照。
- 删除当前状态：选择一个操作步骤后，单击该按钮可以将该步骤及其后面的步骤删除，也可将选中的步骤拖动至该按钮。

图1-42　历史记录面板

图1-43　图像大小对话框

图1-44　图像大小对话框（修改宽度和高度后）

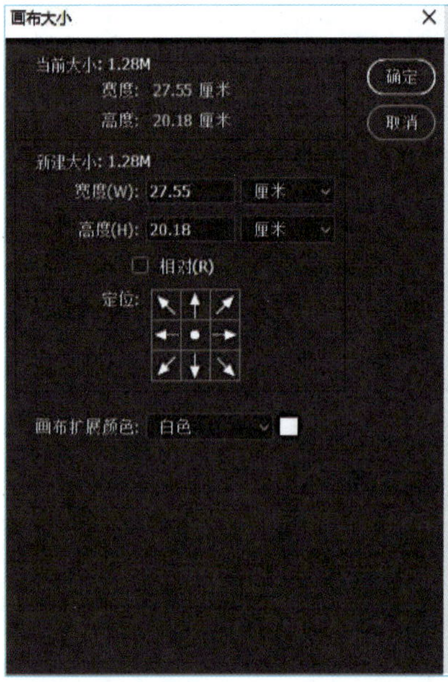

- 新建大小：在“宽度”和“高度”文本框中输入新的数值，输入完成后，会显示文档新的大小。输入的数值大于原来的尺寸，画布会增大，反之则会减小。
- 相对：选中该复选框，在“宽度”和“高度”文本框中输入的数值将代表实际增加或减少的区域大小，而不是整个文档的大小。输入正值表示增加画布，输入负值表示减小画布。
- 定位：单击不同的箭头方格，可以表示当前图像在新画布上的位置。

图1-45　画布大小对话框

项目小结

本项目重点讲述了Photoshop的基础知识及其基本操作，通过本项目的学习，应熟练掌握以下内容。

1. 在学习图像基础知识时，应了解矢量图形与位图图形的区别，以及各种颜色模式的特点。
2. 在学习Photoshop文件的基本操作时，应掌握各种常见操作方法。
3. 在学习Photoshop基本技法时，应掌握辅助工具的使用方法、放大平移视图的操作。
4. 在学习Photoshop图像的基本操作时，应熟练掌握移动对象，复制、粘贴、清除图像，变换图像，设置颜色，还原重做的使用方法；能够领会图像大小，裁剪工具的使用原理。

项目拓展

1. 安装Photoshop软件，熟识Photoshop软件界面设置。
2. 准备一张自己的1寸证件照，将其更换背景颜色并排版。

项目

02

选区的应用

项目提要

在Photoshop中进行图像处理时，范围选取是一项比较重要的工作，这是由于图像的操作只对选取范围以内的图像区域有效，而对选取范围以外的图像区域不起作用。因此编辑图像时必须选定要执行功能的区域范围，才能有效地进行编辑；同时，范围选取的优劣、准确与否，都与图像编辑效果密切相关。

学习目标

1. 选区的创建。
2. 选区的操作与编辑。
3. 选区的描边。

任务一　制作儿童乐园卡面

任务描述

本任务是设计一张Baby+儿童乐园卡面，要求以红色为主色调，以“卡通木马”造型为主图，体现儿童品牌童趣的特点，效果如图2-1所示。

任务解析

1. 启动Photoshop图像处理软件，绘制卡面形状，填充颜色。
2. 创建选区，使用“从选区减去”命令得到月亮选区。
3. 打开素材图片，用魔棒工具选取素材。
4. 使用“自由变换”命令调整素材大小。
5. 添加投影效果。
6. 添加文字。

图2-1　Baby+儿童乐园卡面效果图

任务实现

①启动Photoshop图像处理软件，单击“文件”→“新建”命令，新建一个文件名为“Baby+儿童乐园卡面”，“宽度”为85毫米、“高度”为54毫米，“颜色模式”为CMYK颜色，“分辨率”为300像素/英寸的文件，如图2-2所示。

②选择工具箱中“圆角矩形工具”，选项栏设置“工具模式”为形状，“填充内容”为红色（d0422b），“描边”选择无颜色选项，“半径”为35像素，在文档中左上角单击向右下角拖动，绘制出红色圆角矩形，如图2-3所示。

③在图层面板下方单击“新建图层”按钮，选择工具箱中“椭圆选框工具”，按住【Shift】键在图像左上角绘制圆形选区，设置前景色为蓝色（0a6885），按【Alt+Delete】组合键填充前景色，如图2-4所示。在选项栏中选择“从选区减去”，再次选择工具箱中“椭圆选框工具”，在圆形选区内沿左至右绘制圆形选区减去多余选区，得到“月亮”形状选区，如图2-5所示。

④设置前景色为黄色（fdf27f），按【Alt+Delete】组合键填充前景色，按【Ctrl+D】组合键取消选区，如图2-6所示。

⑤打开素材项目二（2.1）.jpg，选择移动工具，将该素材文件移至“Baby+儿童乐园卡面”文件中，图层命名为“木马”，如图2-7所示。

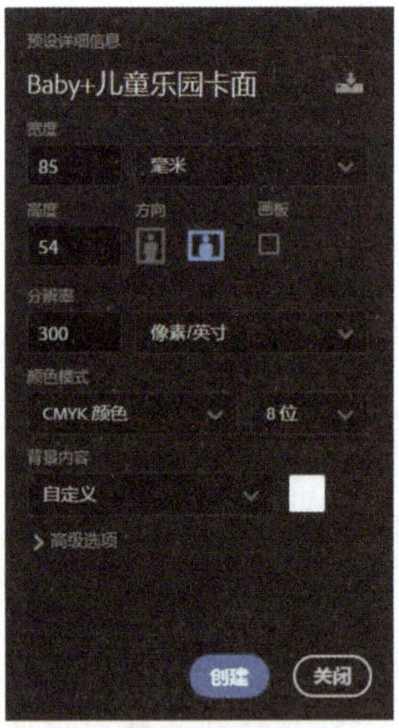

图2-2 “新建”对话框

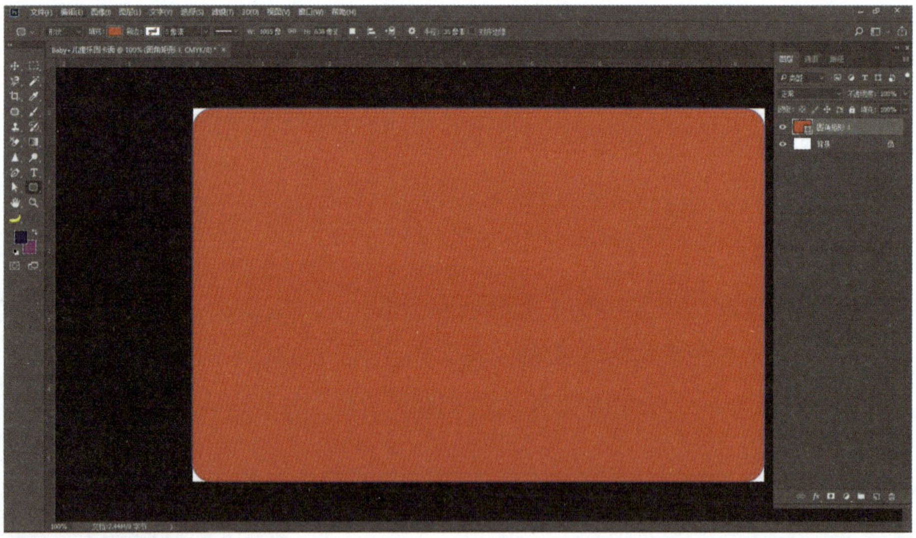
图2-3 绘制卡面背景

图2-4 绘制圆形选区并填充颜色

图2-5 从选区减去

图2-6 卡通月亮绘制效果

⑥选择“魔棒工具”，默认选项栏中“新选区”选项，“容差”值设置为“32”，单击白色区域，选项栏调整为“添加到选区”选项，可连续添加选区，按【Delete】键删除选中区域的颜色，选区为透明，如图2-8所示。

⑦按【Ctrl+D】组合键取消选区，单击“编辑”→“自由变换”（或按Ctrl+T组合键）命令，出现8个控点，可调整图像大小，如图2-9所示。调整好后按【Enter】键，选择移动工具，将“木马”放置合适的位置。

⑧单击“图层”面板底部“添加图层样式”按钮，给“木马”图层添加“投影”样式，如图2-10所示。

⑨单击“文件”→“存储”命令保存文件，添加文字后最终效果如图2-11所示。

图2-7　添加素材

图2-8　去除白色区域

图2-9　调整图像大小

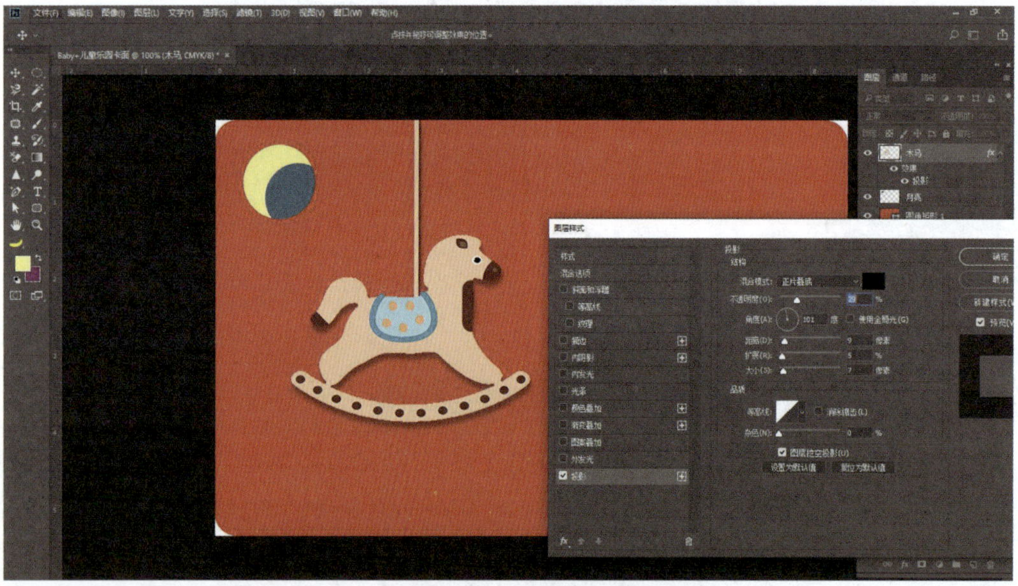

图2-10　添加“投影”样式

图2-11　Baby+儿童乐园卡面最终效果图

任务二　制作儿童乐园DM单

任务描述

本任务是设计一张Baby+儿童乐园DM单，仍以红色为主色调、“卡通木马”为主造型，统一风格，为品牌宣传提高效应，运用直接展示的表现手法添加游乐设施素材，突出主题、吸引顾客，效果如图2-12所示。

图2-12　Baby+儿童乐园DM单效果图

任务解析

1. 启动Photoshop图像处理软件，填充背景颜色。
2. 使用描边命令修饰主图造型。
3. 使用魔棒工具选取素材。
4. 使用色彩范围命令获得图像选区，调整色彩。
5. 使用套索工具选取图像，羽化选区。
6. 使用选择并遮住工作区，选取毛绒图像。
7. 添加投影及文字。

任务实现

①启动Photoshop图像处理软件，单击“文件”→“新建”命令，新建一个文件名为“Baby+儿童乐园DM单设计”，“宽度”为217毫米、“高度”为303毫米，“颜色模式”为CMYK颜色，“分辨率”为300像素/英寸的文件，如图2-13所示。设置前景色为红色（d0422b），按【Alt+Delete】组合键填充前景色，如图2-14所示。

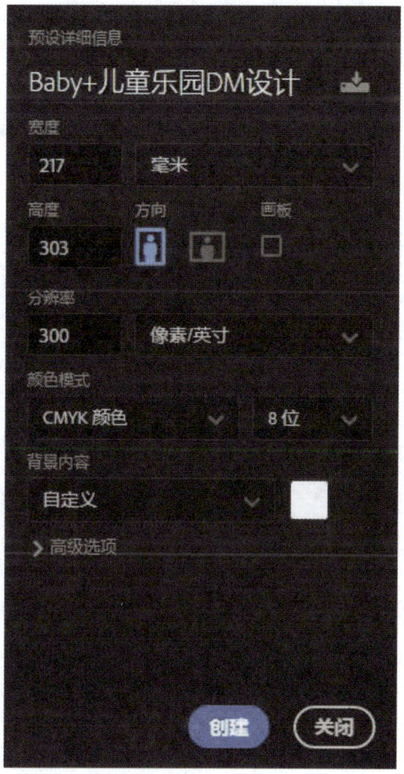

图2-13　“新建”对话框

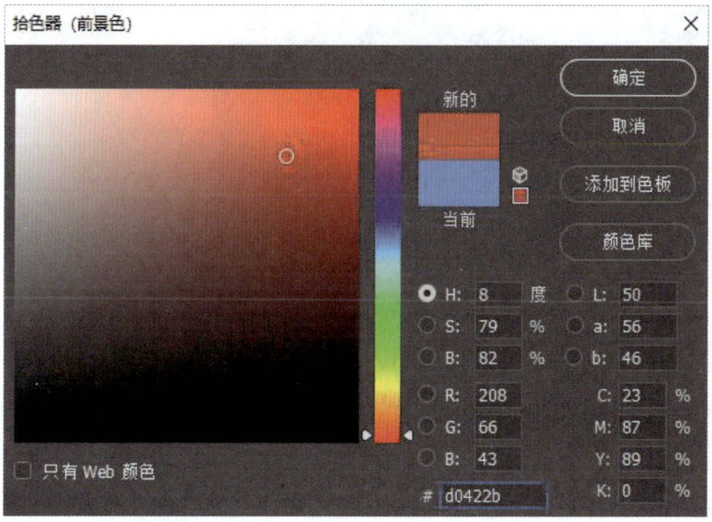

图2-14　设置“前景色”

②在“图层”面板下方单击新建图层按钮，命名为“圆”，单击“视图”→“标尺”（或按Ctrl+R组合键）命令调出标尺，将鼠标放在标尺上向下、向右拉动新建水平、垂直参考线，如图2-15所示。

③选择工具箱中“椭圆选框工具”，鼠标移动至两条参考线相交处，按【Alt+Shift】组合键，向外拖动鼠标，以中心位置绘制正圆选区，如图2-16所示。

④设置前景色为白色（ffffff），按【Alt+Delete】组合键填充前景色。单击“编辑”→“描边”命令，设置“宽度”为40像素，“颜色”为暗红色（51190f），如图2-17所示。

⑤单击“选择”→“修改”→“收缩”命令，设置“收缩量”为50像素，再次单击“编辑”→“描边”命令，设置“宽度”为15像素，确定后按【Ctrl+D】组合键取消选区，单击“视图”→“清除参考线”命令清除参考线，效果如图2-18所示。

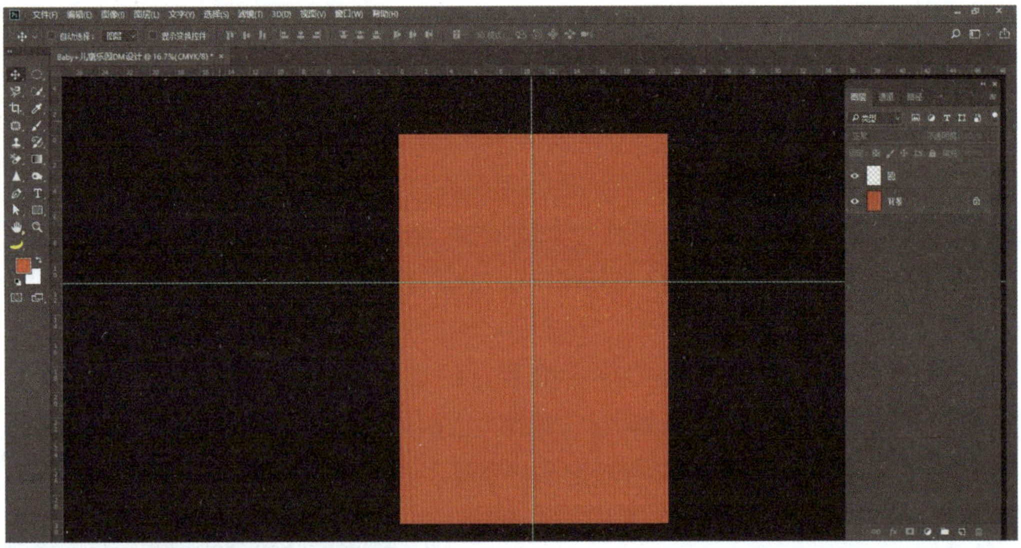

图2-15　新建参考线

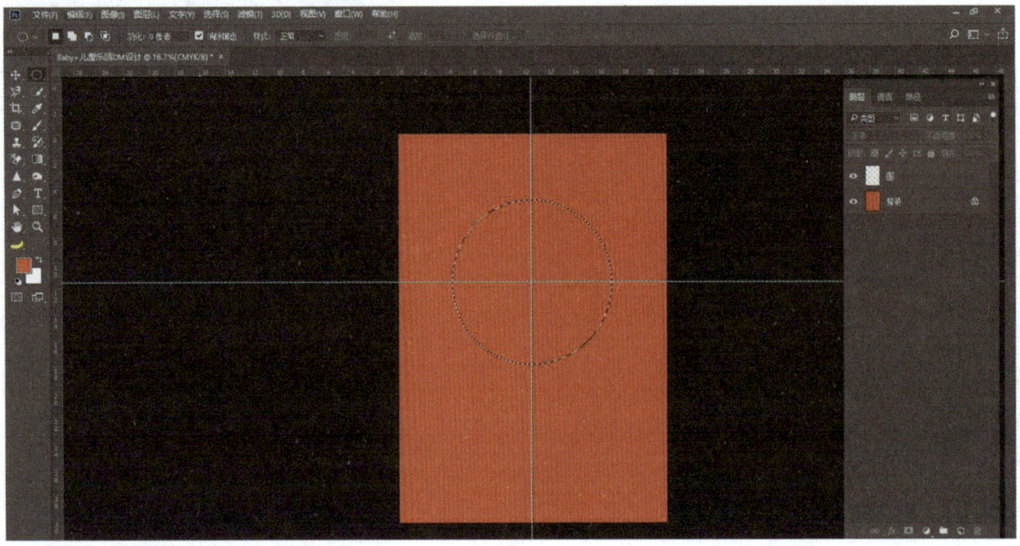

图2-16　绘制圆形选区

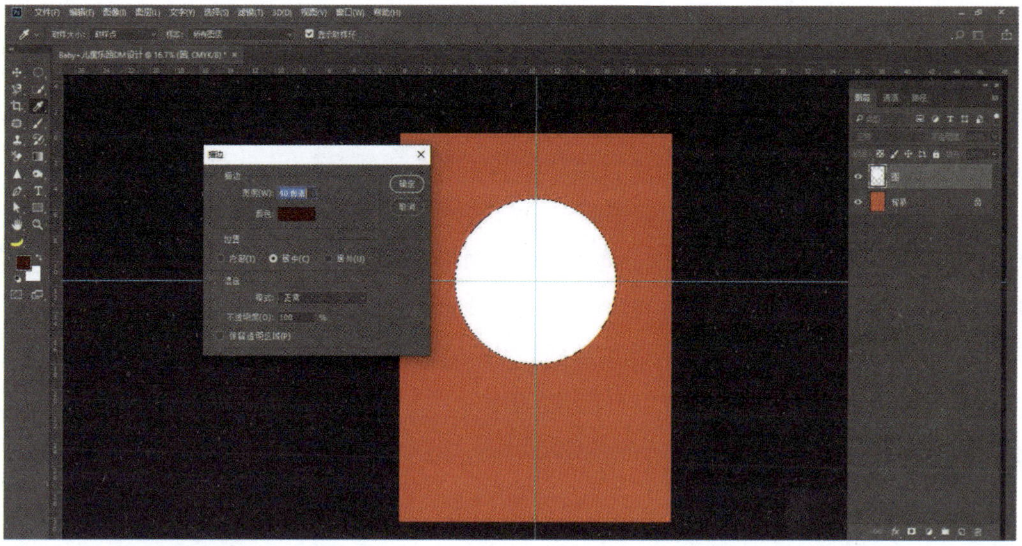
图2-17　设置“描边”参数

图2-18　“描边”命令的使用

⑥打开素材项目二（2.1）.jpg，选择“魔棒工具”，单击白色区域，选项栏调整为“添加到选区”，可连续添加选区，单击“选择”→“反选”（或按Shift+Ctrl+I组合键）命令，选中“木马”，如图2-19所示。

图2-19　选取素材

⑦单击“编辑”→“拷贝”（或按Ctrl+C组合键）→“粘贴”（或按Ctrl+V组合键），复制到“Baby+儿童乐园DM单设计”选项卡，调整至合适的位置和大小，图层命名为“木马”，如图2-20所示。

⑧打开素材项目二（2.2）.jpg，选择“魔棒工具”，单击白色区域，按【Shift+Ctrl+I】组合键反选选区，选中黄色气球，按【Ctrl+C】和【Ctrl+V】组合键，将其复制粘贴至“Baby+儿童乐园DM单设计”选项卡，然后调整至合适的位置和大小，图层命名为“黄色气球”，如图2-21所示。

⑨按【Ctrl+C】和【Ctrl+V】组合键复制粘贴黄色气球，新图层命名为“蓝色气球”，单击原黄色气球图层面板“显示图标”隐藏黄色气球，如图2-22所示。

⑩单击“选择”→“色彩范围”命令，用吸管取样复制出来的黄色气球并确定，如图2-23所示。单击“图像”→“调整”→“色相饱和度”（或按Ctrl+U组合键）命令，移动色相滑块至蓝色，如图2-24所示。按【Ctrl+D】组合键取消选区，调整至合适的位置和大小，取消黄色气球隐藏，如图2-25所示。

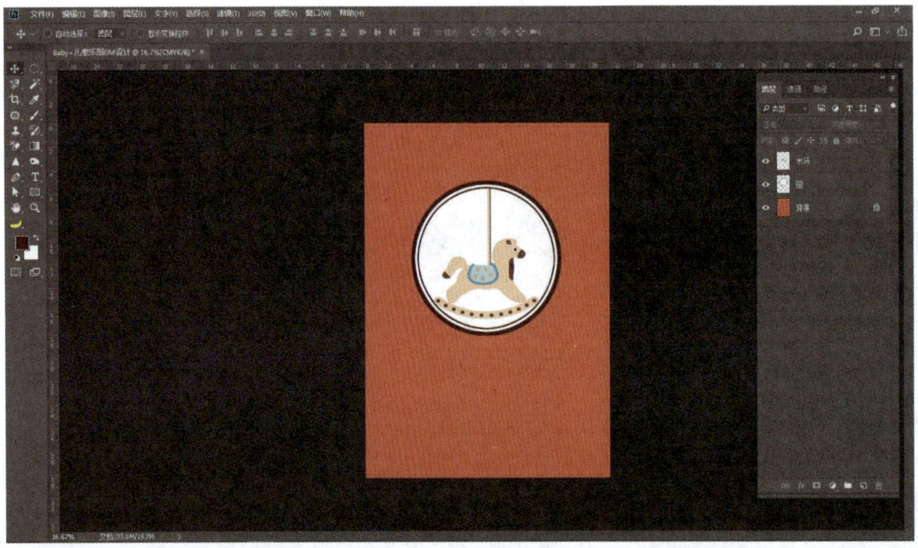

图2-20 添加木马素材

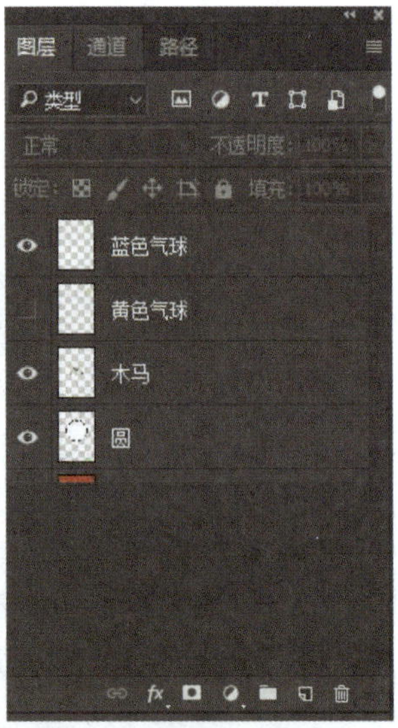

图2-22 隐藏黄色气球图层

图2-21 添加黄色气球素材

图2-23 色彩范围颜色取样

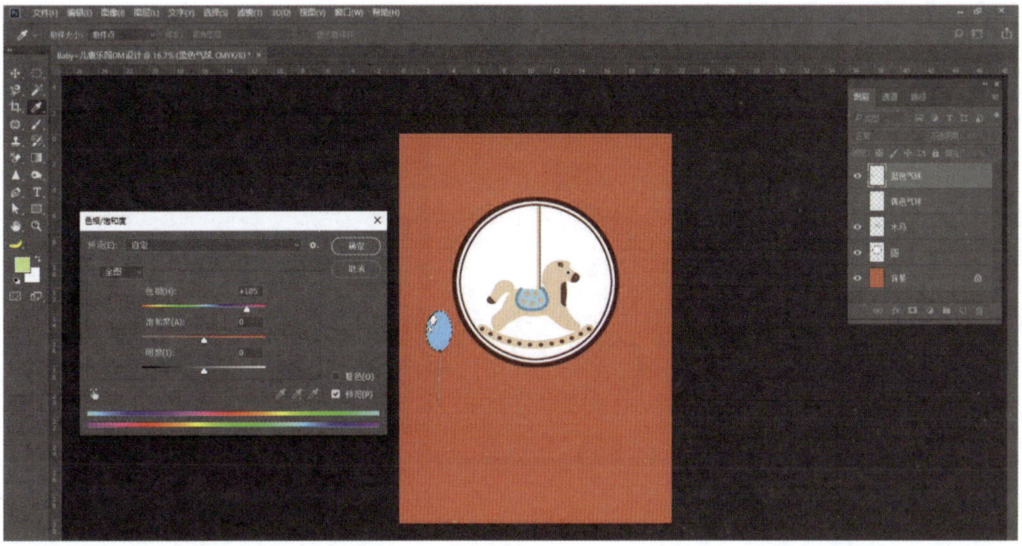

图2-24 调整气球颜色

图2-25 调整颜色后效果

⑪打开素材项目二（2.3）.jpg，在工具箱中选择套索工具，围绕“小车”边缘绘制选区，如图2-26所示。按【Shift+Ctrl+I】组合键反选选区，单击“选择”→“修改”→“羽化”命令，“羽化半径”设置为30像素，如图2-27所示。按【Delete】键，删除所选内容，出现边缘虚化效果，如图2-28所示。按【Ctrl+D】组合键取消选区，将其复制到“Baby+儿童乐园DM单设计”选项卡，调整至合适的位置和大小，图层命名为“小车”如图2-29所示。

⑫打开素材项目二（2.4）.jpg，在工具箱中选择“快速选择”工具，在“毛绒木马”图像上拖动选择，配合选项栏中“添加到选区”和“从选区减去”选项创建选区，如图2-30所示。

图2-26　童车的选取

图2-27　羽化选区对话框

图2-28　羽化命令的使用

图2-29　添加“小车”素材

⑬“毛绒木马”边缘绒毛有少量没有选中，单击“选择”→“选择并遮住”进入“选择并遮住”工作区，选择右侧视图为“叠加”，单击左侧“调整画笔边缘”工具，涂抹没选择到的绒毛。设置“选择并遮住”右侧对话框的参数，“平滑”为数值“1”，“羽化”为“0.5”像素，其他参数默认，输出到“新建图层”，如图2-31所示。

⑭按【Ctrl+C】和【Ctrl+V】组合键将其复制粘贴至“Baby+儿童乐园DM单设计”选项卡，图层命名为“毛绒木马”。打开素材项目二（2.5）.psd，给“毛绒木马”添加投影，如图2-32所示。

⑮单击“文件”→“存储”命令保存文件，添加文字后效果如图2-33所示。

图2-30　快速选择工具创建选区

图2-31　选择并遮住工具区的使用

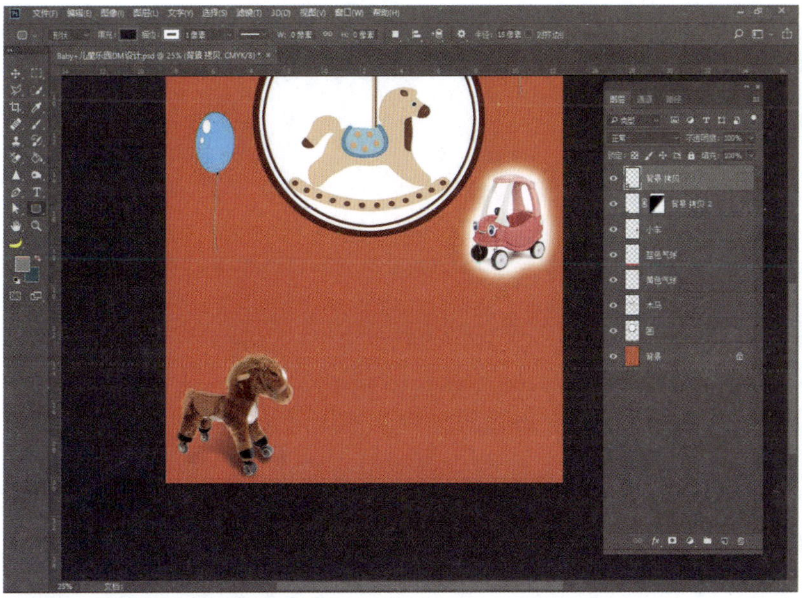

图2-32　添加“毛绒木马”素材

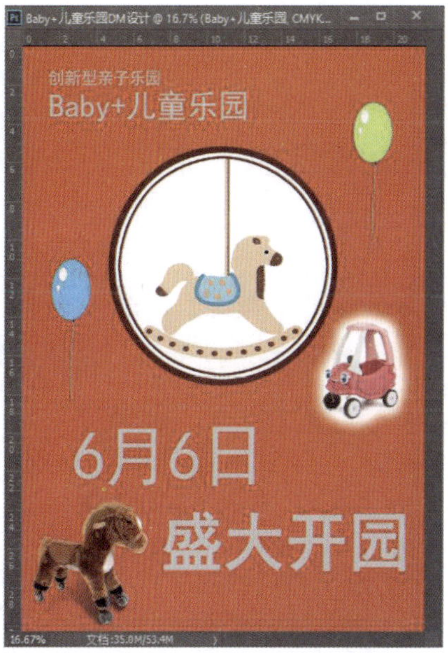

图2-33　Baby+儿童乐园DM单最终效果图

项目相关知识

一、选区的创建

利用Photoshop处理图像时，需要对图像的某一个区域或多个区域进行编辑，这就需要将这些区域从图像中选取出来，选取出来的区域称为选区。

选区创建之后，闪烁的虚线以内是可编辑的区域，虚线以外是不可编辑区域，虚线有时也称为蚁行线。

1. 选框工具组

选框工具组包括矩形选框工具、椭圆选框工具、单行选框工具和单列选框工具，分别用于创建方形、圆形以及横线、竖线（单个像素）区域的规则选区。

当选择选框工具时，对应的工具选项栏如图2-34所示。选项栏第一组区域根据所选定的具体工具显示对应的图标，此外，选框工具选项栏还包括：选区的运算方式、“羽化”参数设置、“样式”选择和“选择并遮住”工作区，这四个部分分别用于创建选区时不同参数的设置。

图2-34　矩形选框工具选项栏

- 羽化：用来设置选区的羽化范围。
- 样式：运用选框工具创建选框时，除了在图像窗口中单击鼠标左键并拖移之外，还可以运用选项栏中的“样式”选项来定义选区。选择“矩形选框”工具后，在“样式”的下拉列表中有“正常”“固定比例”和“固定大小”三个选项。正常：通过鼠标拖移创建任意大小的选区。固定比例：在右侧的“宽度”和“高度”文本框中输入数值，创建固定比例的选区。固定大小：在右侧的“宽度”和“高度”文本框中输入选区的宽度和高度值，只需在画面中单击便可创建固定大小的选区。
- 选择并遮住：单击该按钮，打开“选择并遮住”工作区，可以创建精准的选区和蒙版。

（1）矩形选框工具

选择矩形选框工具，在图像窗口左上角按住鼠标左键，顺着箭头的方向拖移至右下角释放左键，即可创建一个选区。按住【Shift】键拖移鼠标，可以绘制以按下鼠标左键位置为起点的正方形选区；按住【Alt】键拖移鼠标可以绘制以按下鼠标左键位置为中心的矩形选区，如图2-35所示；按住【Alt+Shift】组合键拖移鼠标可以绘制以按下鼠标左键位置为中心的正方形选区，如图2-36所示。

（2）椭圆选框工具

椭圆选框工具用于绘制椭圆和圆形选区。按住【Shift】键拖移鼠标，可以绘制以按下鼠标左键位置为起点的圆形选区；按住【Alt】键拖移鼠标，可以绘制以按下鼠标左键位置为中心的椭圆选区，如图2-37所示；按住【Alt+Shift】组合键拖移鼠标，可以绘制以按下鼠标左键位置为中心的圆形选区，如图2-38所示。

椭圆选框工具的选项栏与矩形选框工具的选项栏属性基本相同，椭圆选框工具增加了“消除锯齿”的选项，如图2-39所示。

图2-35　矩形选区

图2-36　正方形选区

图2-37　椭圆形选区

图2-38　圆形选区

图2-39　椭圆选框工具选项栏

选择“消除锯齿”复选框后，Photoshop会在选区边缘1个像素宽的范围内添加与周围图像相近的颜色，使选区看上去光滑，如图2-40所示。这项功能在剪切、复制和粘贴选区，创建复合图像时非常有用。

（a） 未选中“消除锯齿”

（b） 选中“消除锯齿”

图2-40 “消除锯齿”的使用

（3）单行与单列工具

单行和单列工具是以1像素为单位，创建水平或者垂直方向贯穿整个图像大小的选区，用作绘制网格。

2. 套索工具组

套索工具常用来增加或减少选择范围或对局部选区进行修改。套索工具组包括套索工具、多边形套索工具和磁性套索工具，他们主要用于创建不规则的选区，即手绘选区、多边形选区和磁性选区。

（1）套索工具

套索工具是一种使用灵活、形状自由的选区绘制工具，在图像轮廓边缘任意位置单击设置绘制起点，拖移鼠标到任意位置后释放鼠标左键，即可创建出形状自由的选区，如图2-41所示。

（a）套索工具绘制中

（b）套索工具绘制选区

图2-41 套索工具的使用

（2）多边形套索工具

多边形套索工具多用于创建直线多边形选区，如三角形、梯形、不规则多边形等选区。在图像轮廓边缘单击一个点作为选取范围的起点，然后在需要转折的地方单击，直到鼠标指针与最初设置的起点接近重合，此时鼠标的右下角出现圆圈，单击该圆圈即可闭合选区。

在绘制过程中，如果按【Shift】键，可绘制45°倍角的直线，即45°、90°、135°等直线。在选区未闭合之前按【Delete】键，可以删除最近绘制的直线；如果连续按【Delete】键，则依次删除绘制完成的直线。双击可闭合选区，起点与终点之间用直线连接。

（3）磁性套索工具

磁性套索工具可以自动识别对象的边界，如果对象边缘较清晰，并且与背景对比明显可以使用该工具选择对象。在图像边缘单击设置绘制的起点，然后沿图像的边缘拖移鼠标，选区会自动吸附在图像中对比最强烈的位置，如果选区的边缘没有吸附在想要的图像边缘，可以通过单击添加一个紧固点来确定要吸附的位置，再拖移鼠标，直到鼠标指针与最初设置的起点重合时，单击即可创建选区，如图2-42所示。

磁性套索工具选项栏相较于套索工具和多边形套索工具选项栏增加了“宽度”“对比度”和“频率”的参数设置，如图2-43所示。

（a）磁性套索工具自动吸附中

（b）与起点重合后形成选区

图2-42　磁性套索工具的使用

图2-43　磁性套索工具选项栏

- 宽度：该值的设置决定了以光标中心为基准，其周围有多少像素能够被工具检测到，如果对象的边界清晰，可使用较大的宽度值；如果边界不是很清晰，则需要设置一个较小的宽度值。
- 对比度：用来设置工具感应图像边缘的灵敏度。较高的数值只检测与它们周围的环境对比鲜明的边缘；较低的数值检测低对比度的边缘。如果图像的边缘清晰，可将该值设置得高一些；如果边缘不是特别清晰，则设置得低一些。
- 频率：使用磁性套索工具创建选区时会自动生成许多锚点，频率决定了锚点的数量。该值越高，生成的锚点越多，吸附的边界越准确，但过多的锚点会造成选区的边缘不够光滑。
- 钢笔压力：在压感笔选中的情况下，Photoshop会根据压感笔的压力自动调整工具的检测范围，增大压力将导致边缘宽度变小。

3. 魔棒工具组

（1）魔棒工具

魔棒工具主要用于选择图像中面积较大的单色区域或颜色相近的区域。在使用魔棒选取前要先设置容差值，如图2-44所示。容差值设置好后，在需要选择的颜色范围内单击，即可将鼠标选中区域或相近区域的颜色全部选中。

- 容差：用来设置图像中的选取范围，该数值介于0~255。容差值设置越大，选取范围越大，如图2-45所示。容差值设置越小，选取范围越小，如图2-46所示。
- 消除锯齿：选中该复选框用于创建平滑选区的边缘。
- 连续：选中该复选框后，需选择与单击处颜色相近且位置相邻的像素，如图2-47所示。否则将会选择整个图像中与单击处颜色值相近的所有像素，包括没有连接的区域，如图2-48所示。
- 对所有图层取样：如果图像窗口含多个图层组成，选中该复选框后，可选择所有可见图层上颜色相近的区域。如果未选中复选框，则仅选择当前图层上颜色相近的区域。
- 取样大小：即取样点像素的大小，下拉菜单可以选择选取范围，1×1代表1个像素平均色值；3×3代表9个像素平均色值，以此类推。

图2-44　魔棒工具选项栏

图2-45　容差值较大

图2-46　容差值较小

图2-47　选中“连续”复选框

图2-48　未选中“连续”复选框

（2）快速选择工具

快速选择工具调整画笔笔尖的大小快速绘制选区。在拖动鼠标时，选区会向外扩展并自动查找和跟随图像中定义的边缘，如图2-49所示。

4. 色彩范围命令

“色彩范围”命令与魔棒工具的使用效果相似，都是通过在图像窗口中指定颜色来设置选取区域。还可以通过选择指定其他颜色来增加或减少选取区域、预览选区的显示状态。

使用“色彩范围”命令创建选区的优势在于：它可以根据图像中色彩的变化情况设定选择程度的变化，从而使选择操作更加灵活准确。

单击“选择”→“色彩范围”，弹出“色彩范围”对话框，如图2-50所示。

- 选区预览框：选区预览框包括两个单选按钮，选中“选择范围”按钮时，在预览区域图像中，白色代表已选区域，黑色代表未选择区域，灰色代表了部分被选择的区域（羽化效果区域），如图2-51所示；如果选中“图像”按钮，则预览区内会显示彩色图像。

5.“选择并遮住”工作区

“选择并遮住”工作区能创建精准的选区和蒙版，使用“调整边缘画笔”等工具可清晰地分离前景和背景元素。

（a）绘制选区　　（b）绘制完成
图2-49　快速选择工具的使用

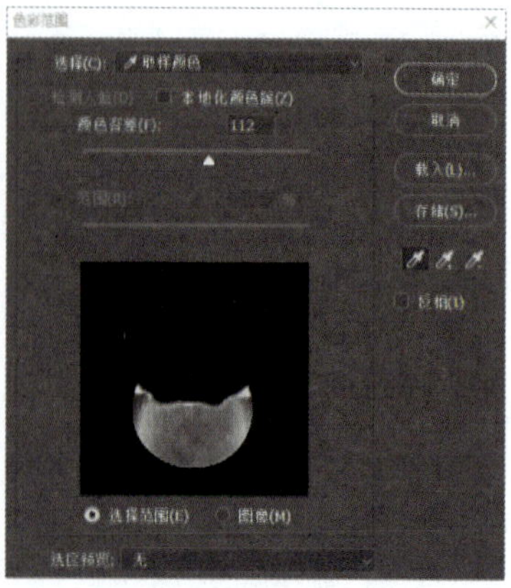
图2-50　“色彩范围”对话框

单击“选择”→“选择并遮住”命令（或按Ctrl+Alt+R组合键），进入“选择并遮住”工作区，如图2-52所示。

（1）工具组

“选择并遮住”工作区工具组将新工具和常用工具结合在一起，如图2-53所示。

（2）选项栏

“选择并遮住”工作区选项栏，如图2-54所示。

（3）调整选区

“选择并遮住”工作区的“属性”面板可以调整选区，具体设置如下：

- 视图模式：打开“选择并遮住”工作区后可以在“属性”面板中选择一种视图模式，以便更好地观察选区的调整结果，如图2-55所示。

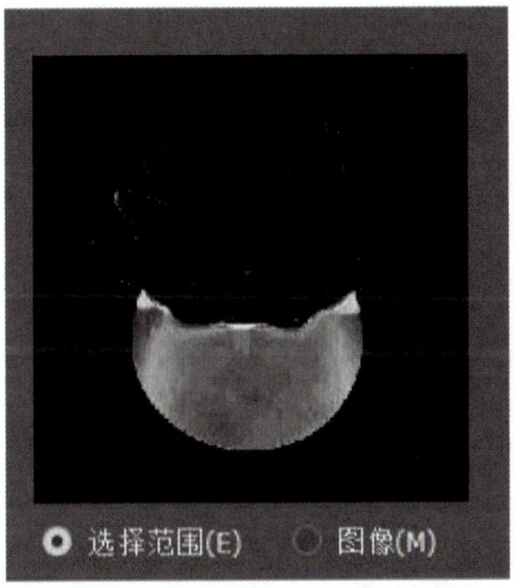

图2-51 选区预览框

图2-52 “选择并遮住”工作区

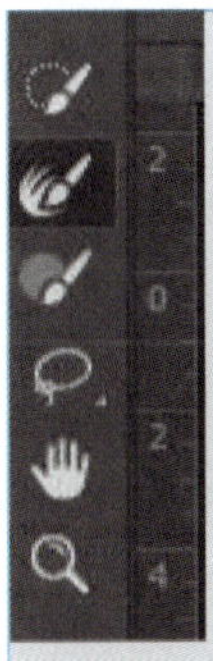

- 快速选择工具：单击或单击并拖动要选择的区域时，会根据颜色和纹理相似性进行快速选择。此时创建的蒙版不需要很精确，因为快速选择工具会自动且直观地创建边框。
- 调整边缘画笔工具：可以精确调整图像边缘区域。例如，头发或毛皮选区中加入精妙的细节。
- 画笔工具：可按照两种简便的方式微调选区：在添加模式下，绘制想要选择的区域；在减去模式下，绘制不想选择的区域。
- 套索工具：绘制选区边框。
- 多边形套索工具：绘制选区边框的直边段。使用多边形套索工具可以绘制直线或自由选区。
- 抓手工具：快速浏览图像文档。选择此工具并拖动图像画布。在使用其他工具时，按【H】键可以快速切换到抓手工具。
- 缩放工具：放大照片并浏览照片各个区域。

图2-53 “选择并遮住”工作区工具组

图2-54 “选择并遮住”选项栏

- 添加或减去：添加或删减调整区域，可调整画笔大小。
- 对所有图层取样：选中该复选框，根据所有图层创建选区。

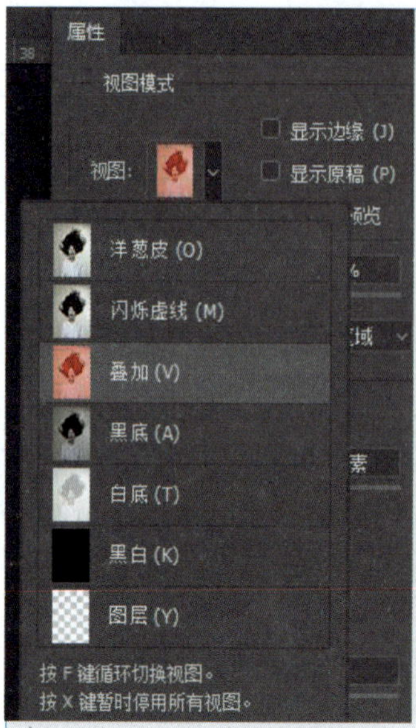

图2-55 “选择并遮住”视图模式

- “洋葱皮”：将选区显示为动画样式的洋葱皮结构。
- “闪烁虚线”：将选区边框显示为闪烁虚线。
- “叠加”：将选区显示为透明颜色叠加。未选中区域显示为该颜色，默认颜色为红色。
- “黑底”：将选区置于黑色背景上。
- “白底”：将选区置于白色背景上。
- “黑白”：将选区显示为黑白蒙版。
- “图层”：将选区周围变成透明区域。

Ps 提示

按【F】键可以在各个模式之间循环切换，按【X】键可以暂时禁用所有模式。

- 显示边缘：选中“显示边缘”复选框可显示调整区域。
- 显示原稿：显示原始选区。
- 高品质预览：渲染更改的准确预览。选择此选项后，在处理图像时，按住鼠标左键向下滑动可以查看更高分辨率的预览。取消选择此选项后，即使向下滑动鼠标时，也会显示更低分辨率的预览。
- 透明度/不透明度：为视图模式设置“透明度”或“不透明度”效果。

（4）边缘检测设置

- 半径：确定发生边缘调整的选区边框的大小。对锐边使用较小的半径，对较柔和的边缘使用较大的半径。
- 智能半径：允许选区边缘出现宽度可变的调整区域。

（5）全局调整设置

- 平滑：减少选区边框中的不规则区域以创建较平滑的轮廓。
- 羽化：模糊选区与周围的像素之间的过渡效果。
- 对比度：对比度增大时，沿选区边框的柔和边缘的过渡会变得不连贯。通常情况下，使用“智能半径”选项和调整工具效果会更好。
- 移动边缘：使用负值向内移动柔化边缘的边框，或使用正值向外移动这些边框。向内移动这些边框有助于从选区边缘移去不想要的背景颜色。

（6）输出设置

- 净化颜色：将彩色边替换为附近完全选中的像素的颜色。颜色替换的强度与选区边缘的软化度是成比例的。调整滑块以更改净化量，默认值最大强度为 100%。由于此选项更改了像素颜色，因此它需要输出到新图层或文档。请保留原始图层，这样就可以在需要时恢复到原始状态。
- 输出到：决定调整后的选区是变为当前图层上的选区或蒙版，还是生成一个新图层或文档。
- 复位工作区：可将设置恢复为进入“选择并遮住”工作区时的原始状态。另外，此选项还可以将图像恢复为进入“选择并遮住”工作区时，它所应用的原始选区或蒙版。

6. 快速蒙版模式

快速蒙版模式将从标准模式选择的图片选区转化为半透明的红色调，并利用画笔工具对该红色区域进行涂抹，从而可以增加或者删除图片选区，创建精细化选区。

二、选区的操作与编辑

1. 选区的移动

创建选区后移动选区：创建了选区后，选项栏“新选区”按钮为按下状态，则使用选框、套索和魔棒工具时，只要把光标放在选区内，单击并拖动鼠标即可，如图2-56所示。

2. 全选与反选选区

单击“选择”→“全部”（或按Ctrl+A组合键）命令，可以选择当前文件边界内的全部图像。

创建选区后，单击“选择”→“反选”（或按Shift+Ctrl+I组合键）命令，可以反转选区，选择图像中未被选中的部分，如图2-57所示。

3. 取消选择与重新选择选区

创建选区后，单击“选择”→“取消选择”（或按Ctrl+D组合键）命令，可以取消选择，如果要恢复被取消的选区，可以单击“选择”→“重新选择”命令。

图2-56　移动选区位置

图2-57　反选命令的使用

4. 选区的运算

当使用创建选区工具创建选区时，选项栏上会出现，用于选区之间的运算，它们分别是“新选区”“添加到选区”“从选区中减去”“与选区交叉”按钮。

- 新选区：选中此按钮，在图像中创建选区时，新选区将替代原有选区，如图2-58所示。
- 添加到选区：选中此按钮，在图像中创建选区时，新选区与原有选区并存，如图2-59所示。
- 从选区中减去：选中此按钮，在图像中创建选区时，将从原选区中减去新选区，如图2-60所示。
- 与选区交叉：选中此按钮，在图像中创建选区时，保留新选区与原选区相互交叉的区域，如图2-61所示。

5. 选区的修改

单击“选择”→“修改”子菜单中有“边界”“平滑”“扩展”“收缩”“羽化”5个命令，用于对选区进行调整。

（1）“边界”命令

单击“选择”→“修改”→“边界”命令，可以将选区的边界向内部和外部扩展，扩展的边界与原来的边界形成新的选区，“宽度”用于设置选区扩展的像素值。将该值设置为30像素，原选区会分别向内和外扩展15个像素。

（2）“平滑”命令

单击“选择”→“修改”→“平滑”命令，可以对选区边缘进行平滑处理，“取样半径”用来设置选区的平滑范围。

（3）“扩展”命令

单击“选择”→“修改”→“扩展”命令，可以扩充选区范围，“扩展选区”对话框用来设置扩展范围。

（4）“收缩”命令

单击“选择”→“修改”→“收缩”命令，可以收缩选区范围，“收缩选区”对话框用来设置收缩范围。

（5）“羽化”命令

“羽化”命令用于对选区进行羽化处理，可以柔化选区的边缘，产生渐变过渡的效果。

单击“选择”→“修改”→“羽化”命令，“羽化半径”可控制羽化范围的大小，如图2-62所示。

图2-58 创建新选区

图2-59 添加到选区

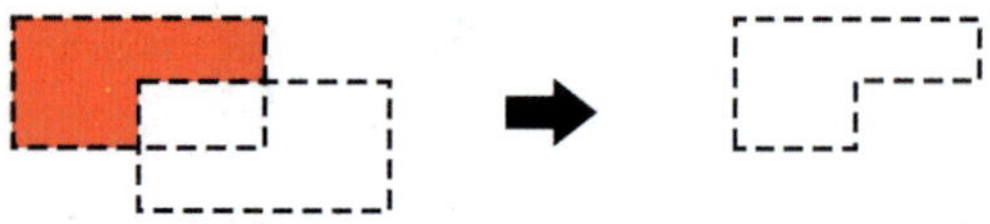

图2-60 从选区减去

图2-61 与选区交叉

提示

如果出现“选中的像素不超过50%”的提示信息，说明选区小而羽化半径大，可通过减小羽化半径或增大选区进行调整。

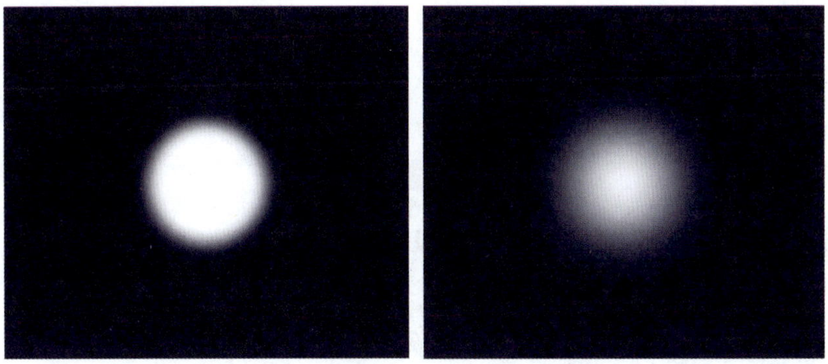

（a）羽化效果（半径设置为10像素）　（b）羽化效果（半径设置为30像素）

图2-62　羽化命令的使用

6. 变换选区

单击“选择”→“变换选区”命令，可以在选区上显示定界框，拖动控制点即可。单独对选区进行旋转、缩放等变换操作，选区内的图像不会受到任何影响，如图2-63所示。

如果选择“编辑”→“变换”命令操作，则会对选区及选中的对象同时应用变换，如图2-64所示。

三、选区的描边

“描边”命令的使用可将颜色把选区的边缘绘制成彩色边框，如图2-65所示。

（a）原选区　（b）选区变换中

图2-63　变换选区的使用

图2-64　变换命令

（a）描边选区　（b）描边效果

图2-65　描边命令的使用

选择要描边的区域或图层，单击“编辑”→“描边”，出现“描边”的对话框，如图2-66所示。

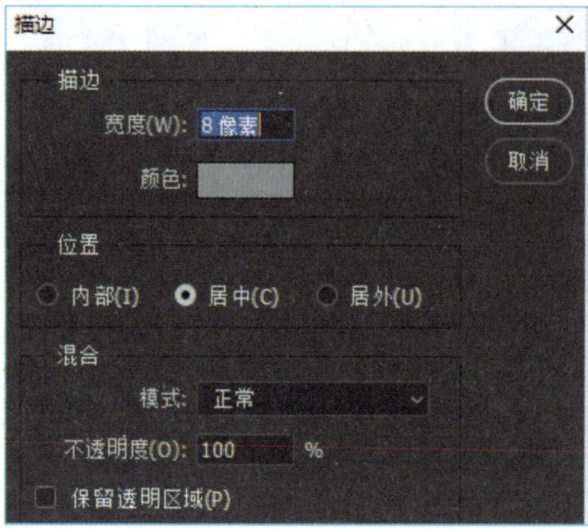

- 宽度：在该文本框中可以指定边框的宽度。
- 颜色：单击色板可打开“拾色器”对话框，可以设置描边边框的颜色。
- 位置：指定边框的位置放置在选区或图层边界的内部、外部或中心。

图2-66　描边对话框

项目小结

本项目主要讲述了选区的创建、选区的编辑、选区的描边等内容。通过以上内容的学习，我们了解到Photoshop中的所有编辑操作，在有选区的情况下都优先于选区。通过本项目的学习，应重点掌握以下内容：

1. 在学习创建选区时，要重点掌握各种创建选区方法的特点，根据不同图像的特点，采用相应的选取方法。

2. 在学习选区的编辑操作时，应灵活地掌握各种选区编辑命令的使用方法。

项目拓展

1. 制作一张超市会员卡。
2. 以超市“年末促销”活动为主题，制作一张DM单。

项目
03

图层的应用

项目提要

在Photoshop中对图层的操作可以说是最为频繁的，通过建立新图层，在每个新图层里编辑图像中的各个元素，可以产生丰富多彩又彼此关联的图像效果。

学习目标

1. 图层简介。
2. 图层的操作。
3. 图层的混合模式。
4. 图层样式。

任务一　制作西餐厅宣传广告之钢琴素材

任务描述

钢琴作为乐器之王，音域宽广、音量变化幅度大、音色自然动听、丰富而统一，在西餐厅里演奏能营造出高雅浪漫的氛围。本任务是为西餐厅宣传广告制作钢琴琴键素材，如图3-1所示。

任务解析

1. 启动Photoshop图像处理软件，新建图层，绘制白色琴键。
2. 新建图层，绘制黑色琴键，复制图层，水平居中分布黑色琴键。
3. 复制选中图层，且删除不需要的图层。
4. 使用合并图层命令合并所有琴键图层。
5. 复制合并图层直至平铺于整个画布。

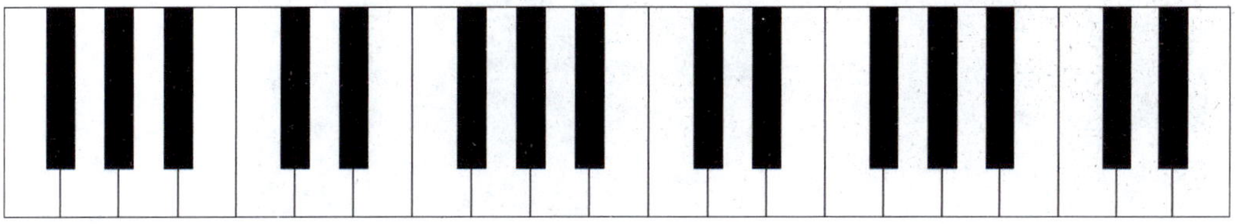

图3-1　钢琴琴键素材效果图

任务实现

①启动Photoshop图像处理软件，单击“文件”→“新建”命令，新建一个文件名为“西餐厅宣传广告钢琴素材”，“宽度”为217毫米、“高度”为40毫米，“分辨率”为150像素/英寸，“颜色模式”为CMYK颜色，背景内容为黑色的文件，如图3-2所示。

②在图层面板下方单击“新建图层”按钮，图层命名为“白色琴键”，选择工具箱中“矩形选框工具”，在文档中绘制白色钢琴琴键形状选区，如图3-3所示。设置前景色为白色（ffffff），单击“编辑”→“填充”→“前景色”→“确定”命令（或按Alt+Delete组合键）填充前景色，然后单击“选择”→“取消选区”命令（或按Ctrl+D组合键），如图3-4所示。

图3-2 “新建”对话框

图3-3 绘制矩形选区

图3-4 填充前景色

③按【Ctrl+J】组合键复制图层3次，复制3个白色琴键图层，如图3-5所示。选择工具箱中“移动工具”，分别选中复制的每个图层，移动至合适位置，每个“白色琴键”之间间隔一个方向键位置，如图3-6所示。

④在图层面板下方单击“新建图层”按钮，将图层命名为“黑色琴键”，选择工具箱中“矩形选框工具”，在白色键盘上绘制黑色琴键形状选区，如图3-7所示。设置前景色为黑色（000000），按【Alt+Delete】组合键填充前景色，按【Ctrl+D】组合键取消选区，如图3-8所示。

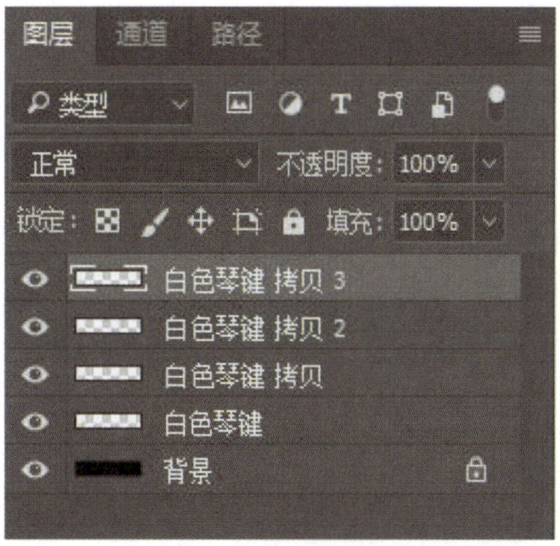

图3-5　复制图层

图3-6　移动图层

图3-7　绘制黑色琴键选区

图3-8　填充前景色

⑤按【Ctrl+J】组合键复制图层两次，复制两个琴键图层，如图3-9所示。选择工具箱中“移动工具”，将“黑色琴键 拷贝2”图层移至右侧白色琴键中间，如图3-10所示。按住【Shift】键单击“黑色琴键”图层和“黑色琴键 拷贝2”图层，即可同时选中三个黑色琴键图层，如图3-11所示。单击“移动工具”选项栏“水平居中分布”选项，水平居中黑色琴键，如图3-12所示。

⑥按住【Shift】键，单击“白色琴键”图层和“黑色琴键 拷贝2”图层，即可选中所有琴键图层，如图3-13所示。

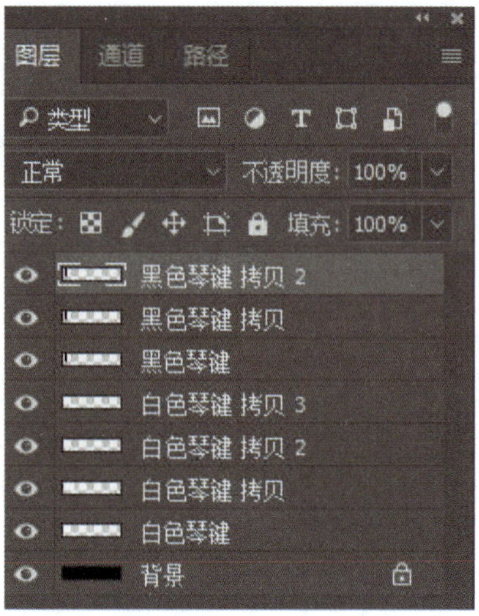

图3-9 复制图层

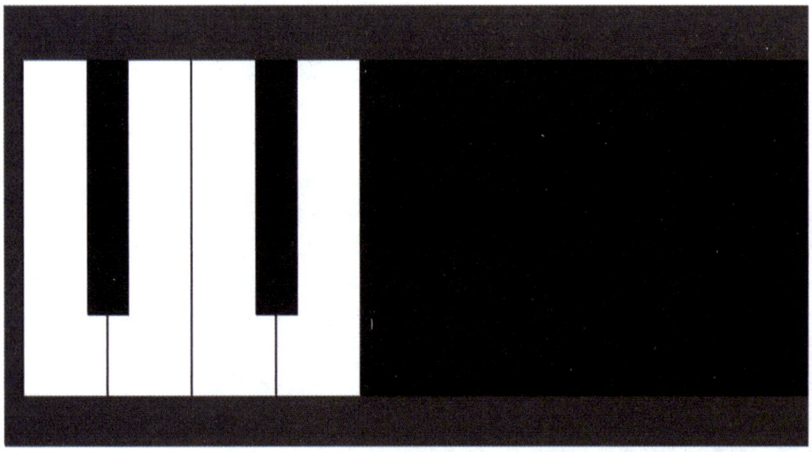
图3-10 移动图层

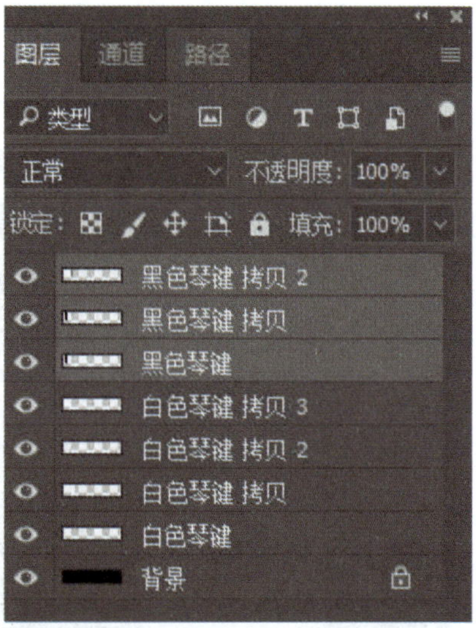

图3-11 选择多个图层

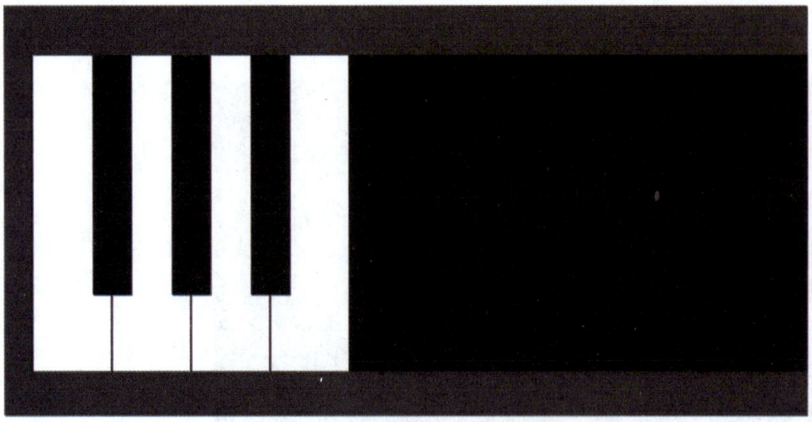
图3-12 “水平居中分布”图层

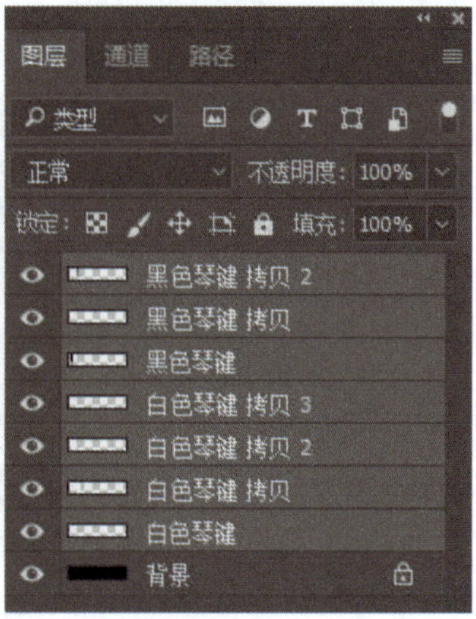

图3-13 选择多个图层

⑦按住【Alt】键，在文档中将选中图层向右移动复制图层，如图3-14所示。在图层面板分别选中“黑色琴键 拷贝3”图层和“白色琴键 拷贝4”图层，按【Delete】键分别删除，如图3-15所示。

⑧按住【Shift】键，单击“白色琴键”图层和“黑色琴键 拷贝3”图层，即可选中所有琴键图层，如图3-16所示。单击“图层”→“合并图层”命令（或按Ctrl+E组合键）合并选中图层，如图3-17所示。

⑨选择“移动工具”，按住【Alt】键，在画布中将合并后的“黑色琴键 拷贝3”图层向右移动复制，如图3-18所示。再次复制，直至布满整个画布，最终效果如图3-19所示。

⑩单击“文件”→“存储”命令保存文件。

图3-14　复制选中图层

图3-15　删除图层

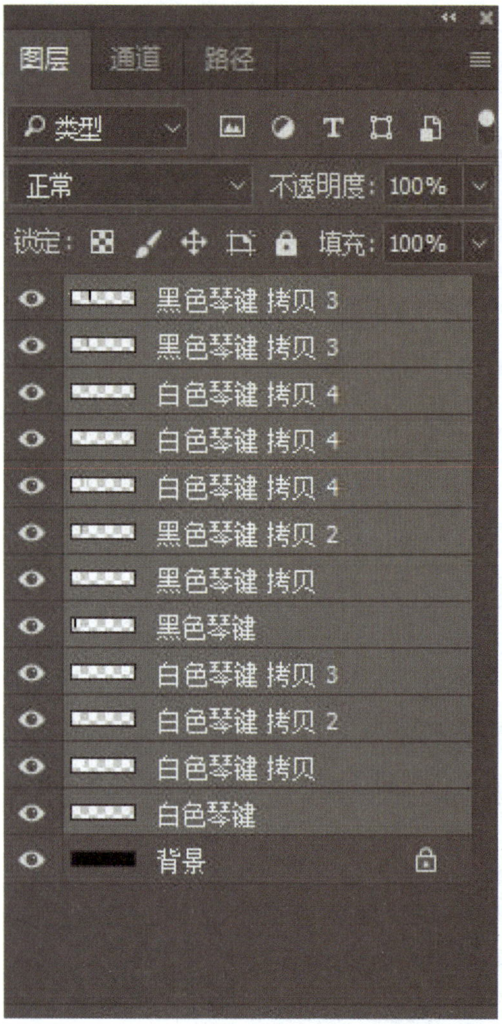

图3-16　选择多个图层

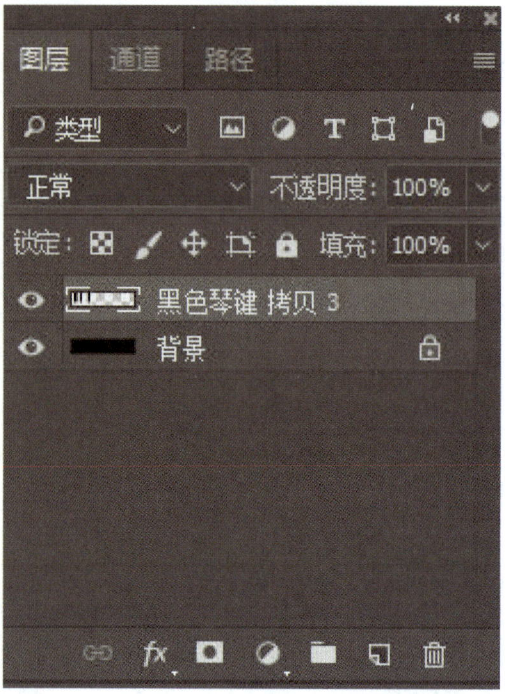

图3-17　合并图层

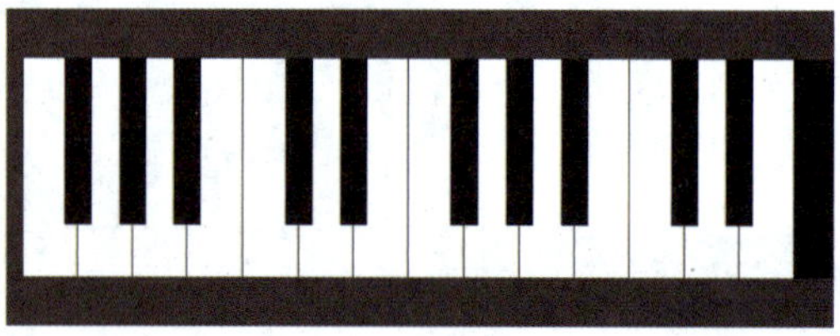

图3-18　复制图层

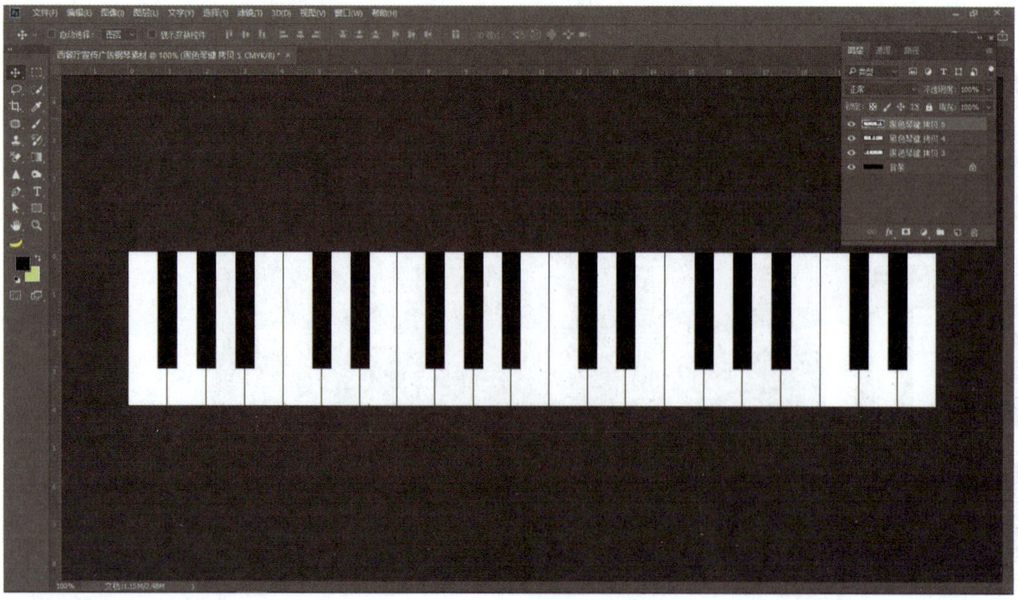

图3-19　钢琴琴键素材最终效果图

任务二　制作西餐厅宣传广告

任务描述

本任务是设计制作西餐厅宣传广告，背景使用暗色调，使西餐厅食物显得更加美味。“牛排”“辅料”“钢琴琴键”等素材的合成，突出主题且烘托整体画面的氛围，效果如图3-20所示。

任务解析

1. 启动Photoshop图像处理软件，添加背景素材。
2. 添加相关素材调整合适的大小放置合适的位置并添加图层投影。
3. 添加“烟雾”素材，调整图层为“滤色”模式。
4. 使用图层样式，对文字进行“叠加渐变”和“外发光”的处理。
5. 盖印图层，高反差保留，设置图层为“柔光”模式。

任务实现

①启动Photoshop图像处理软件，单击“文件”→“新建”命令，新建一个文件名为“西餐厅宣传广告”，“宽度”为217毫米，“高度”为303毫米，“分辨率”为300像素/英寸，“颜色模式”为CMYK颜色，背景内容为白色的文件，如图3-21所示。

图3-20　西餐厅宣传广告效果图

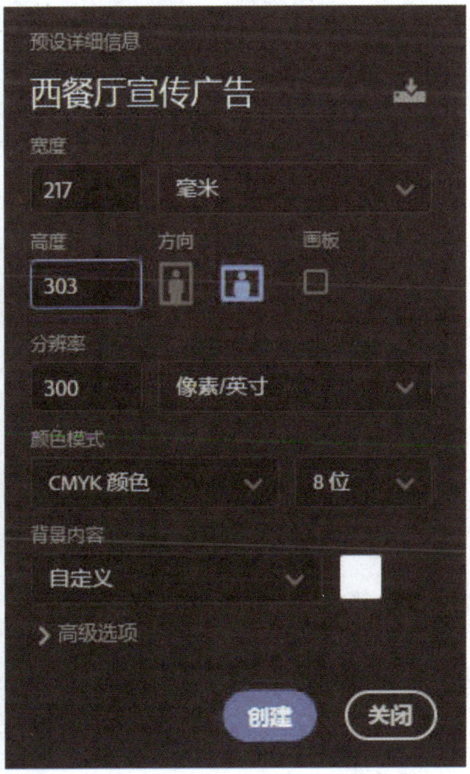

图3-21　“新建”文件

②打开素材项目三（3.1）.psd，选择移动工具，将该素材文件移至“西餐厅宣传广告”选项卡，并平铺画布，图层为“背景1”，如图3-22所示。打开素材项目三（3.2）.psd，选择移动工具，将该素材文件移至“西餐厅宣传广告”选项卡，图层为“琴键”，调整图层透明度为75%，如图3-23所示。

③打开素材项目三（3.3）.psd，选择移动工具，将该素材文件移至“西餐厅宣传广告”文件中，图层为“主图牛排”，单击“编辑”→“自由变换”（或按Ctrl+T组合键），调整合适的大小和位置，如图3-24所示。

④打开素材项目三（3.4）.psd，选择移动工具，将该素材文件移至“西餐厅宣传广告”选项卡，图层为“木板材质”，按【Ctrl+T】组合键调整至合适的大小，鼠标单击反转键，旋转至合适的角度，放置左下角，如图3-25所示。

图3-22 添加背景素材

图3-23 添加钢琴琴键素材

图3-24　添加“主图牛排”素材

图3-25　添加“木板材质”素材

⑤依次将素材项目三（3.5）.psd和素材项目三（3.6）.psd移动至“西餐厅宣传广告”文件中，图层分别为“牛排”和“辅料”，调整合适的大小和位置，如图3-26所示。

⑥选择工具箱中“移动工具”，选择“主图牛排”图层，单击图层下方图层样式按钮，选择“投影”样式，弹出“投影”样式对话框，设置“不透明度”为45%，“角度”为131度，“距离”为38像素，“扩展”为24%，“大小”为90像素，其他参数默认，如图3-27所示。

⑦在图层“投影”样式对话框取消“使用全局光”设置，如步骤⑥所示给“木板材质”“牛排”和“辅料”图层添加投影，参数设置根据素材情况设置，如图3-28所示。

图3-26　添加“牛排”和“辅料”素材

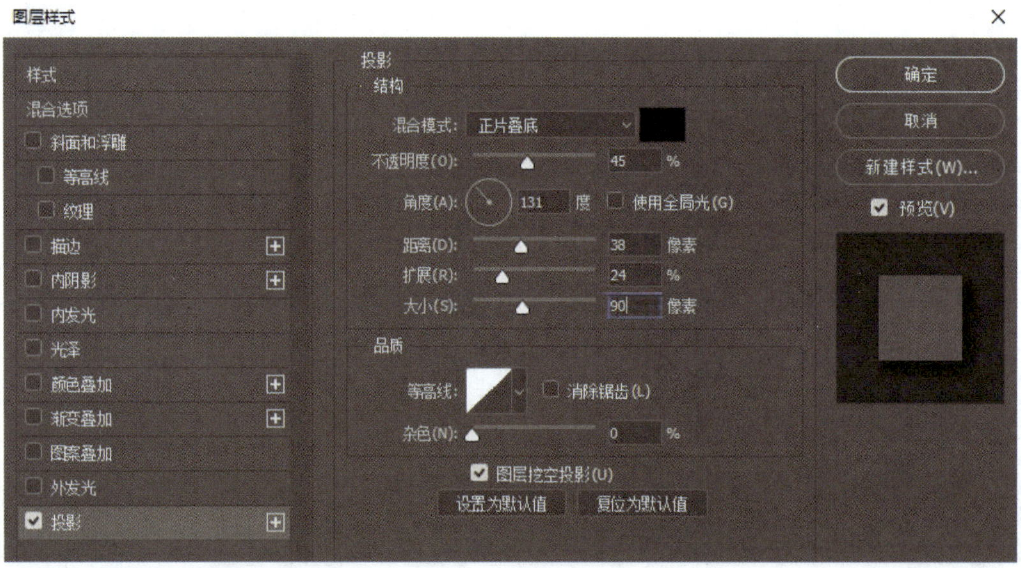

图3-27　添加图层“投影”样式

图3-28　给素材添加投影

⑧打开素材项目三（3.7）.psd，选择移动工具，将该素材文件移至“西餐厅宣传广告”选项卡，图层为“烟雾”，按【Ctrl+T】组合键自由变换调整合适的角度，图层混合模式调整为“滤色”，如图3-29所示。在工具箱中选择橡皮擦工具，选项栏选择“柔边画笔”，调整“流量”选项为21%，将四周生硬的边角擦除，调整图层透明度为40%，如图3-30所示。

⑨按住【Shift】键单击“琴键”图层和“辅料”图层，即可选中区间内所有图层，如图3-31所示。单击“图层”→“图层编组”命令（或按Ctrl+G组合键），给选中素材图层编组命名为“素材组”，如图3-32所示。

⑩选择工具箱中“文本工具”，在选项栏“字体样式”选择宋体，输入文字“美食美刻”，调整字符大小为100点，仿粗体，单击选项栏“勾选”，提交当前编辑命令，如图3-33所示。

⑪单击图层底部添加“图层样式”按钮，选择“渐变叠加”样式，渐变调整为浅黄色（faf9cd）至中度黄色（f1c238）至暗黄色（896a27），如图3-34所示。

⑫单击图层底部添加“图层样式”按钮，选择“外发光”样式，“外发光”颜色调整为浅黄色（f9db8c），不透明为70%，扩展为7%，大小为10像素，其他参数默认，如图3-35所示。

⑬按住【Alt】键，拖移文档中“美食美刻”文本复制该文本，然后选择文本工具，鼠标靠近复制出来的“美食美刻”文本并选中文本，如图3-36所示。修改选项栏“字符大小”为75点，修改文字为“欢乐共享”，如图3-37所示。

图3-29 图层模式“滤色”的使用

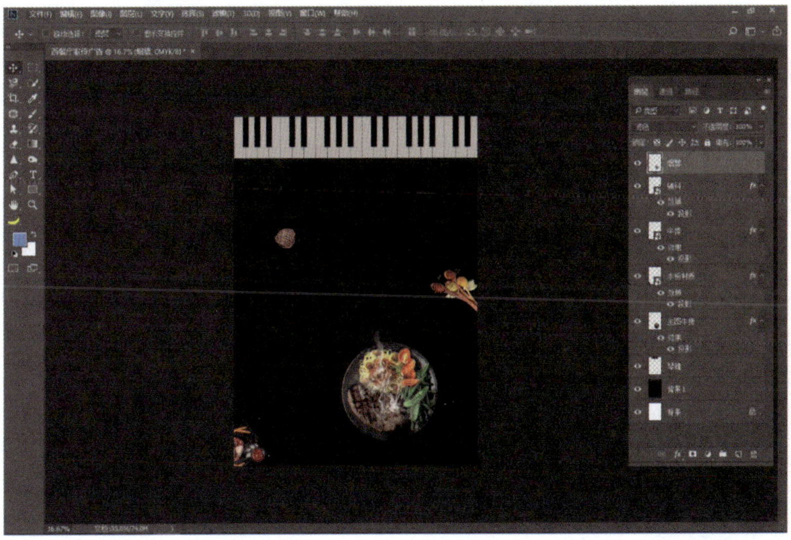

图3-30 橡皮擦工具的使用

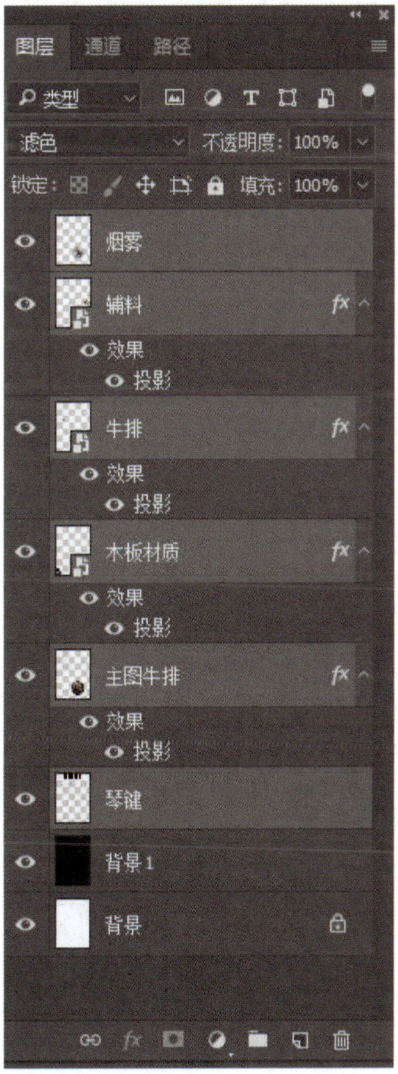

图3-31 选择多个图层

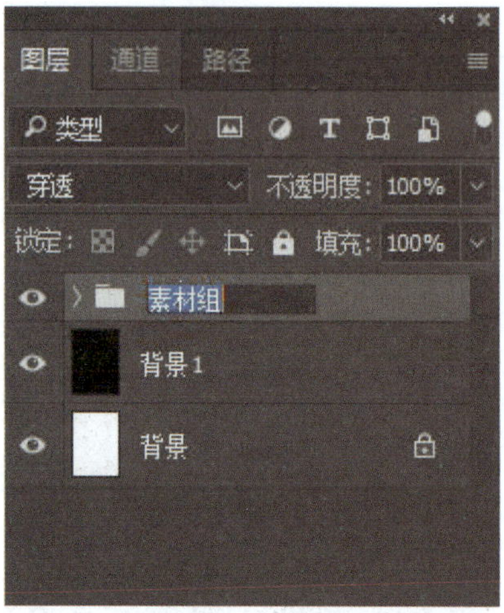

图3-32 图层编组

图3-33 使用文本工具

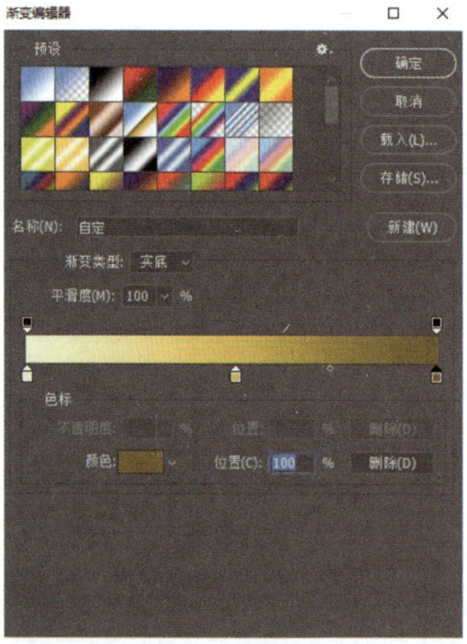

图3-34 添加图层“渐变叠加”样式

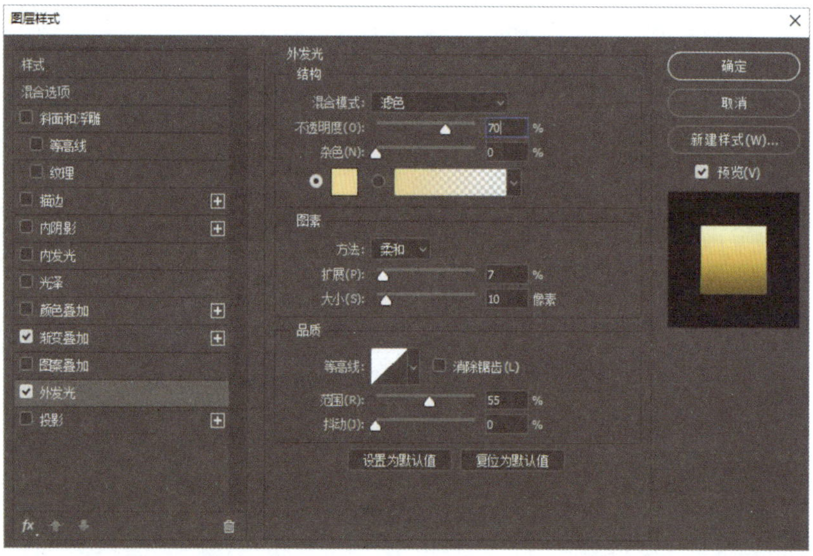

图3-35 添加图层“外发光”样式

图3-36 选中文本

图3-37 修改文字

⑭选择工具箱中矩形工具组的“自定义形状工具”，在选项栏“形状”选项中选择“蕨类植物”，设置前景色为白色，在文档中绘制，如图3-38所示。

⑮添加二维码素材及其他文字素材，效果如图3-39所示。按【Ctrl+Shift+Alt+E】组合键盖印图层，然后单击“滤镜”→“其他”→“高反差保留”，将半径设置为1像素，如图3-40所示。图层混合模式调整为“柔光”。

⑯单击“文件”→“存储”命令保存文件，最终效果如图3-41所示。

图3-38 添加形状图案

图3-39 添加二维码

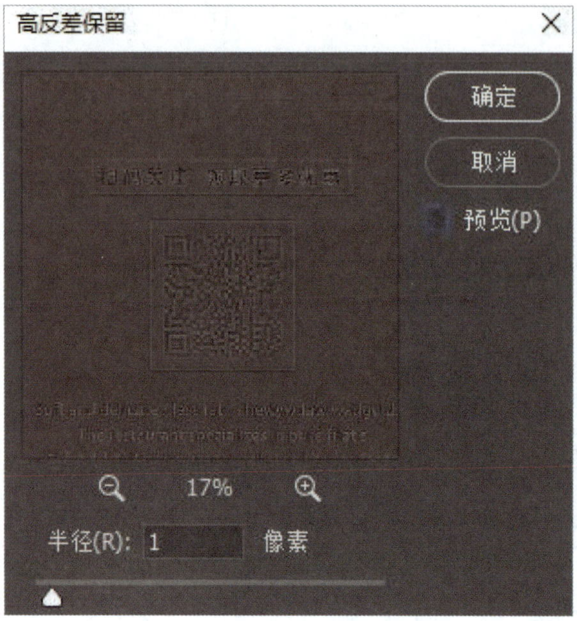

图3-40　高反差保留的使用

图3-41　西餐厅宣传广告最终效果图

项目相关知识

一、图层的简介

图层是Photoshop的核心功能之一。因为有了图层，才能使图像的合成、调整得以实现。利用图层，可以将不同的图像存放在不同的图层上并进行独立操作，以保证他们之间互不影响。

1. 图层的概念

图层就像是含有文字或图形等元素的胶片，一张张按顺序叠放在一起，组合起来形成页面的最终效果。图层可以将页面上的元素精确定位。图层中可以加入文本、图片、表格、插件，也可以在里面再嵌套图层。

2. 图层面板的介绍

“图层”面板中列出了图像中的所有图层、图层组和图层效果。可以使用“图层”面板来显示和隐藏图层、创建新图层及处理图层组，也可以在“图层”面板菜单中访问其他的图层命令和选项。单击“窗口”→“图层”（或按F7键）命令，可以显示“图层”面板，如图3-42所示。

3. 图层的类型

为了便于图层的编辑与保存，Photoshop中的图层分为普通图层、背景图层、文本图层、蒙版图层、形状图层以及调整图层等。

（1）普通图层

在 Photoshop中，新建的图层即为普通图层，普通图层为透明的图层，其缩略图为灰白的间格。

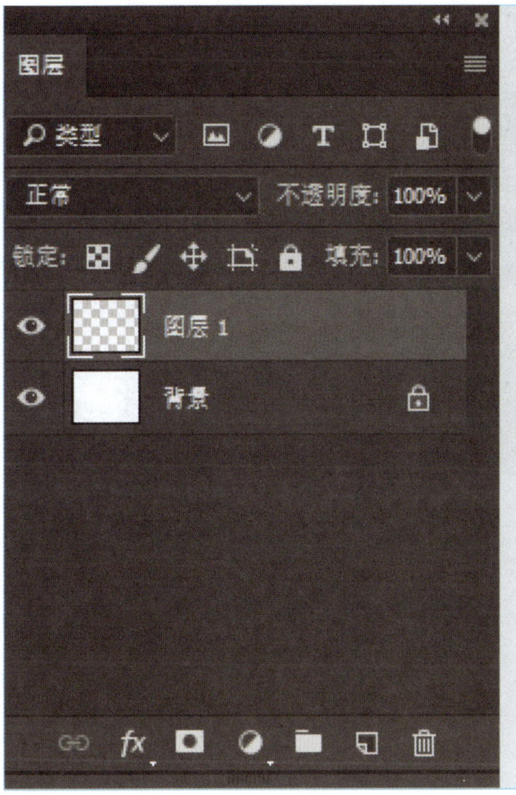

- 正常正常：该下拉列表框用于设置当前图层的混合模式，是将当前图层与位于其下方的图层进行混合，从而产生另外一种图像显示效果。
- 不透明度：图层的不透明度决定了图像显示自身图层的程度，当不透明度设为100%的时候，代表完全不透明，图像看上去非常饱和；当不透明度下降的时候，图像也随着变淡。如果把不透明度设为0，就相当于隐藏了这个图层。
- 图层显示图标：显示眼睛图标，表示当前图层内容为显示状态；单击眼睛图标，隐藏当前图层内容。
- 当前选中的图层：在图层面板中，深灰显示的状态为当前选中的图层。
- 链接图标：表示两个图层之间的链接关系。链接图层的目的是便于同时移动、复制多层图像等变换操作。

图3-42　图层面板

新建的图层自动命名为“图层1”“图层2”……，如图3-43所示。

（2）背景图层

背景图层即放在图层面板最底层的一种特殊的不透明图层，它以背景色为底色。背景图层可以应用滤镜和绘制图像，但不能移动位置和改变叠放顺序，也不能更改其不透明度和混合模式。

在图像文件中，可以没有背景层，也可仅有一个背景层。背景层一般不直接用于编辑，当需要编辑时，可以将背景图层转换为普通图层。将背景图层转换为普通图层的方法很简单，只需要双击背景层即可，转换后的背景层默认命名为“图层0”，如图3-44所示。

（3）文本图层

文本图层主要用于输入文本内容，在工具箱中选取文本工具并输入文字后，系统自动在“图层”面板中新建一个文本图层，如图3-45所示。

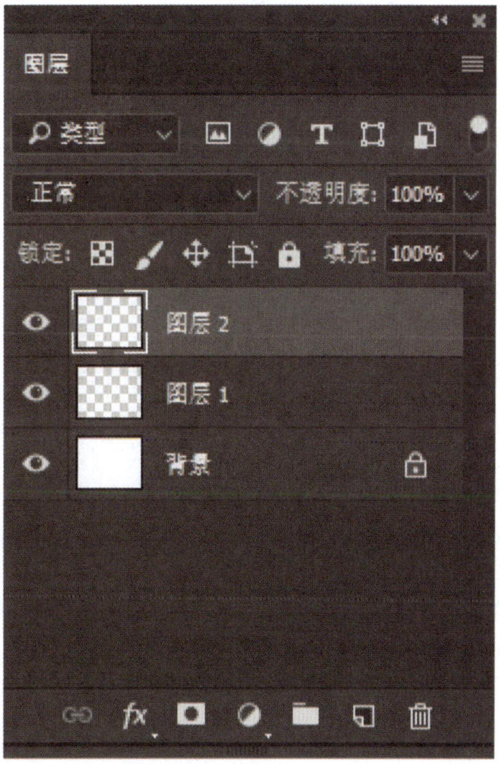

图3-43　创建普通图层

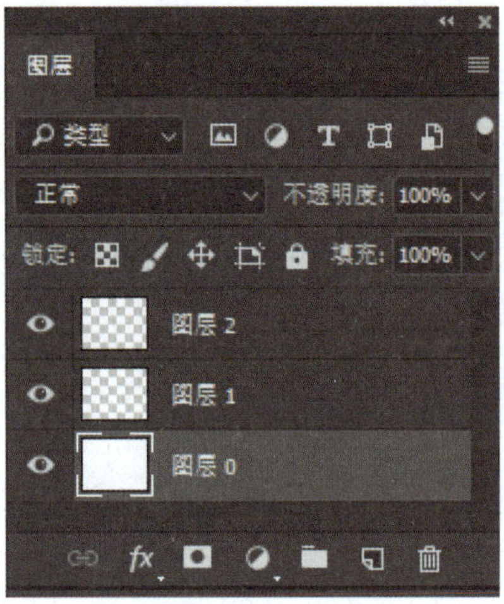

图3-44　将背景层转换为普通层

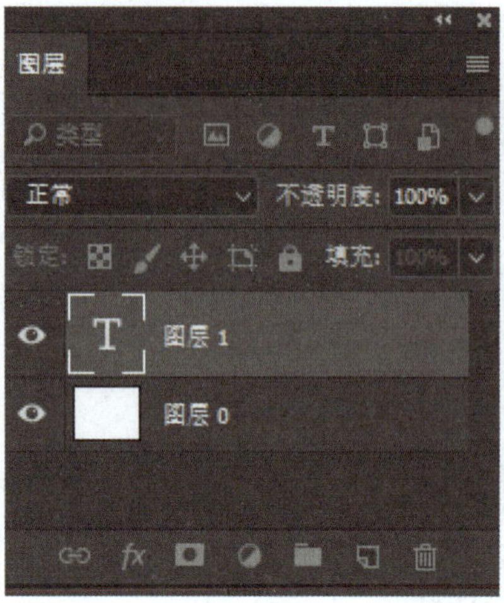

图3-45　创建文本图层

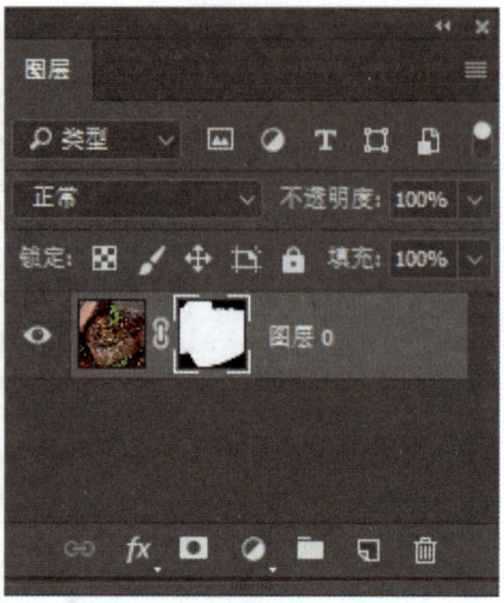

图3-46　创建蒙版图层

（4）蒙版图层

蒙版是图像合成的重要手段，蒙版图层中的黑色、白色和灰色像素控制着图层中相应位置图像的透明程度。其中，白色表示显示的区域，如图3-46所示。

（5）形状图层

在使用形状工具绘制图形时，系统会自动创建一个形状图层。形状图层的主要作用是保存形状信息，如图3-47所示。

（6）调整图层

在需要调整图层的色调与色彩但又不想影响图层的原有信息的情况下，可以使用调整图层。使用调整图层可以在当前选择的图层上方新建一个调整层，而当前的图层不受任何影响。在“图层”选项卡中，单击“创建新的填充或调整图层”按钮 ，在弹出的快捷菜单中将显示可创建的调整图层，如图3-48所示。

二、图层的操作

1. 新建图层

在Photoshop中可以通过以下几种方法创建新图层。

①使用“新建图层”对话框创建新图层，单击“图层”→“新建”→“图层”命令，弹出新建图层对话框，如图3-49所示。

②使用“创建新图层”按钮创建新图层，单击“图层”面板底部的“创建新图层”按钮 ，可以在图层面板中创建新图层。

③单击图层面板右上角的“图层面板菜单”按钮 ，单击“新建图层”命令，通过“新建图层”对话框创建新图层。

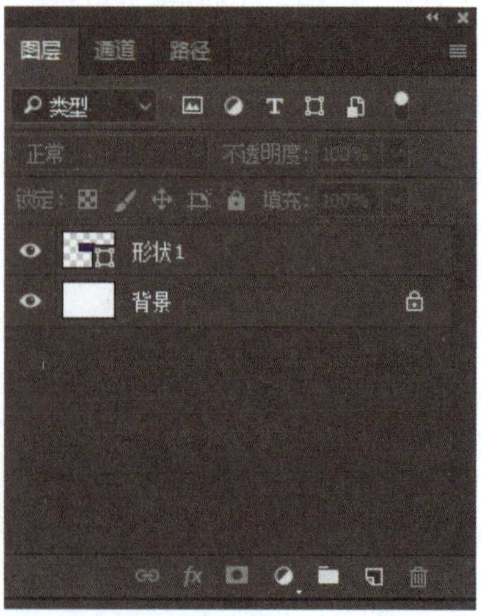

图3-47　创建形状图层

2. 选择图层

使用Photoshop编辑图像是基于图层的，因此对图像进行编

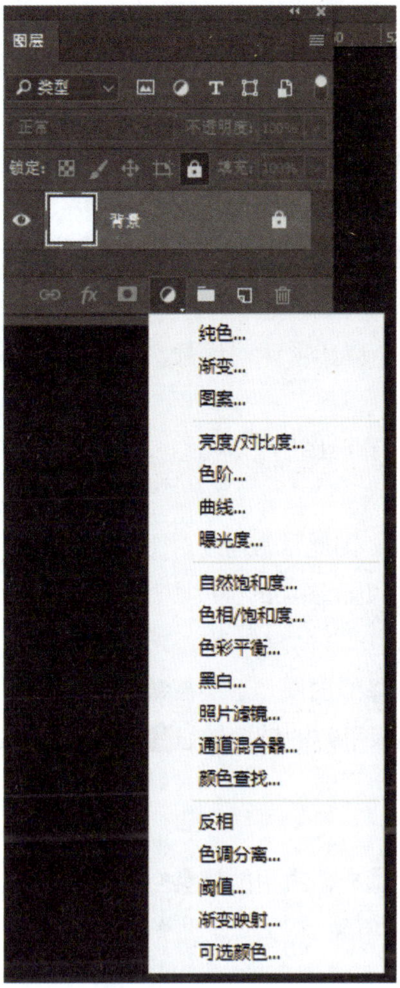

图3-48　创建调整图层

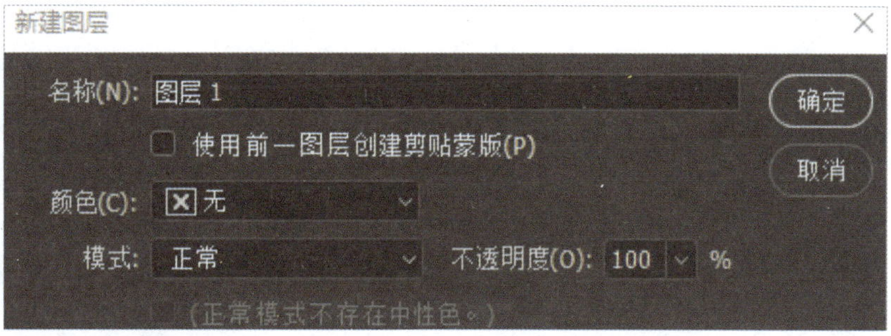

图3-49　新建图层对话框

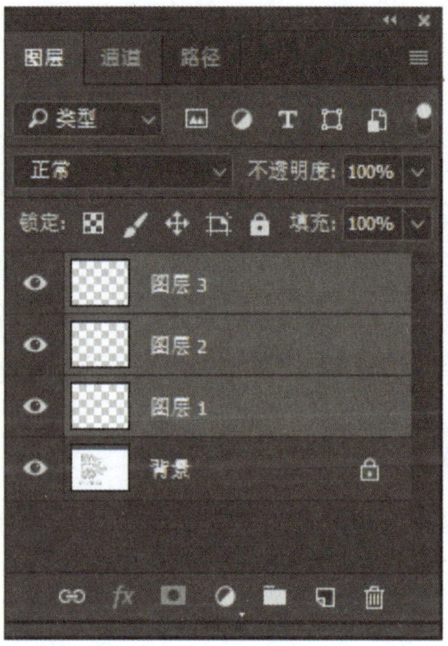

图3-50　选择多个连续的图层

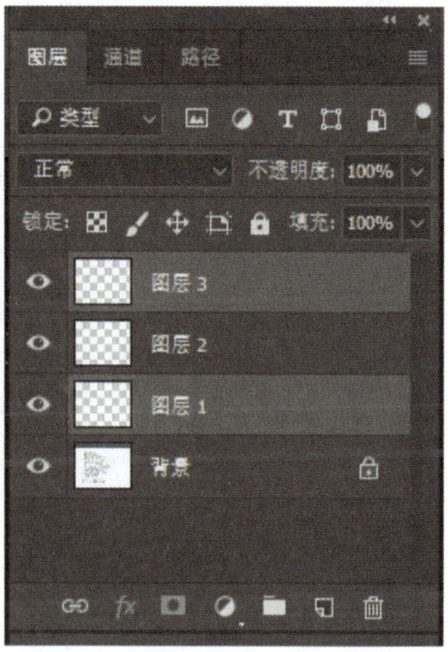

图3-51　选择不连续的图层

辑之前必须正确地选择图层。在Photoshop中可以使用以下几种方法选择图层。

①选择单个图层。在“图层”面板中单击需要选择的图层，图层呈灰色显示，表示该图层已经被选择。

②选择多个连续的图层。在图层面板中单击第一个图层，然后按住【Shift】键单击最后一个图层，可以选择两个图层之间的所有图层，被选择的所有图层均呈灰色显示，如图3-50所示。

③选择多个不连续的图层。按住【Ctrl】键，然后逐一单击需要选中的图层，可以选择全部被单击的图层，如图3-51所示。

3. 复制图层

复制图层指的是将当前图层复制一个副本。副本图层的内容与原图层的内容完全一致，在Photoshop中通常使用以下方法复制图层。

①在“图层”面板将选中的图层拖动到“创建新图层”按钮上，释放鼠标按键后出现图层副本，复制完成。

②选择图层后，单击“图层”菜单或“图层”面板菜单，选择“复制图层”命令，弹出“复制图层”对话框，单击“确定”按钮，即可复制图层。

4. 删除图层

为了节省磁盘空间，通常会将不需要的图层删除。将某一图层删除，则位于该图层中的所有图形对象都会被删除。

①选中要删除的图层，单击图层面板上的“删除图层”按钮，弹出警示对话框，如果确认删除图层，单击“是”按钮，即可删除图层。

②选中要删除的图层，按住鼠标左键把该图层拖移至图层面板底部“删除图层”按钮，也可删除图层，但不会弹出提示对话框。

③选中要删除的图层，单击“图层”→“删除”→“图层”命令，弹出警示对话框，如果确认删除图层，单击“是”按钮，即可删除图层。

④选中要删除的图层，单击鼠标右键，在打开的快捷菜单中选择“删除图层”命令。

5. 调整图层的叠放顺序

在Photoshop中，图层的叠放顺序不同，所产生的图像效果也不同，因此常常需要对图层的顺序进行调整。在“图层”面板中，拖动当前选中图层至目标图层位置，即可更改图层的叠放顺序。

6. 图层的链接

选择多个图层后，单击图层面板下方的链接按钮，可以链接选择的图层。图层被链接以后，可以同时对链接的图层进行移动、变换和复制等操作。再次单击图层面板下方的链接按钮，可以解除图层的链接。

7. 图层的合并

图层的合并是指将两个或两个以上的图层合并为一个图层。图层越多，占用的磁盘空间越大，用户可以将不需要修改的图层合并，以节约磁盘空间。

（1）向下合并图层

“向下合并”命令可以把当前图层与在它下方的图层进行合并。单击图层面板的“图层菜单”按钮，选择“向下合并”命令（或按Ctrl+E组合键）。

（2）合并可见图层

“合并可见图层”命令可以把所有处在显示状态的图层合并成一层，在隐藏状态的图层不做变动。

（3）拼合图像

“拼合图像”命令可以将所有图层合并为背景层，如果有隐藏图层，拼合时会弹出警示框，询问用户是否扔掉隐藏图层。单击“图层”→“合并可见图层”命令（或按Ctrl+Shift+E组合键），可以拼合图像。

（4）盖印图层

盖印图层可以图层面板中显示的图层合并在一个新图层中，原来的图层不变，按【Ctrl+Shift+Alt+E】组合键可以盖印图层。

8. 图层的对齐与分布

使用图层的对齐与分布命令，可以将不同图层的图像按照一定的规律进行排列。图层的对齐是指以当前图层为基础，在指定的方向上对齐；图层的分布是指在指定方向上均匀排列图层。

（1）图层的对齐

单击“图层”→“对齐”命令，弹出“对齐”命令子菜单，如图3-52所示。

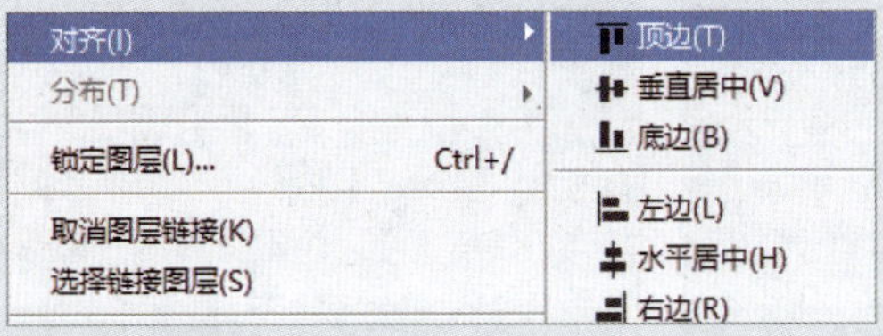

图3-52 图层“对齐”子菜单

- 顶边：顶边可将选择或链接图层的顶层像素与当前图层的顶层像素对齐，或与选区边框的顶边对齐。
- 垂直居中：垂直居中可将选择或链接图层上垂直方向的中心像素与当前图层上垂直方向的中心像素对齐，或与选区边框的垂直中心对齐。
- 底边：底边可将选择或链接图层的底端像素与当前图层的底端像素对齐，或与选区边框的底边对齐。
- 左边：左边可将选择或链接图层的左端像素与当前图层的左端像素对齐，或与选区边框的左边对齐。
- 水平居中：水平居中可将选择或链接图层上水平方向的中心像素与当前图层上水平方向的中心像素对齐，或与选区边框的水平中心对齐。
- 右边：右边可将选择或链接图层的右端像素与当前图层的右端像素对齐，或与选区边框的右边对齐。

（2）图层的分布

分布是将选择或链接图层之间的间隔均匀地分布，分布操作只能针对3个或3个以上的图层进行。单击“图层”→“分布”命令，弹出“分布”子菜单，如图3-53所示。

9. 图层组

图层组就是将多个图层归为一个组，这个组可以在不需要操作时折叠起来，无论组中有多少图层，折叠后只占用相当于一个图层的空间，以方便管理图层。

（1）创建图层组

单击“图层”→“图层编组”命令（或按Ctrl+G组合键），或单击鼠标右键，在弹出的快捷菜单中选择“从图层新建组”命令，可将选中的图层进行编组，如图3-54所示。

（2）合并组

当不需要使用组时，可以将组合并，合并后的组将成为一个单独的图层。在图层组上单击鼠标右键，在弹出的快捷菜单中选择“合并组”选项，即可将组合并，如图3-55所示。

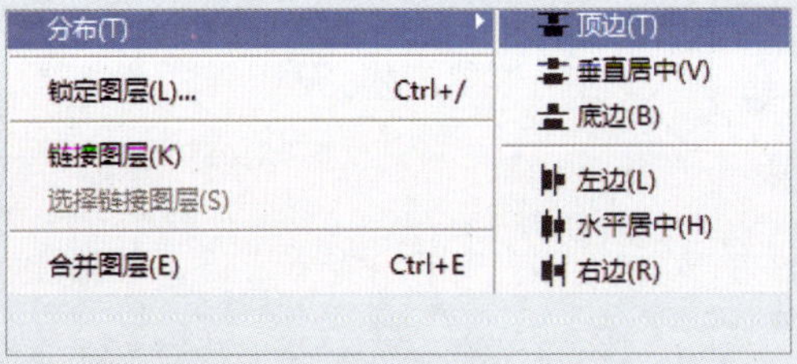

图3-53 图层“分布”子菜单

- 顶边：从每个图层的顶端像素开始，间隔均匀地分布选择或链接的图层。
- 垂直居中：从每个图层的垂直居中像素开始，间隔均匀地分布选择或链接的图层。
- 底边：从每个图层的底部像素开始，间隔均匀地分布选择或链接图层。
- 左边：从每个图层的左边像素开始，间隔均匀地分布选择或链接图层。
- 水平居中：从每个图层的水平中心像素开始，间隔均匀地分布选择或链接图层。
- 右边：从每个图层的右边像素开始，间隔均匀地分布选择或链接图层。

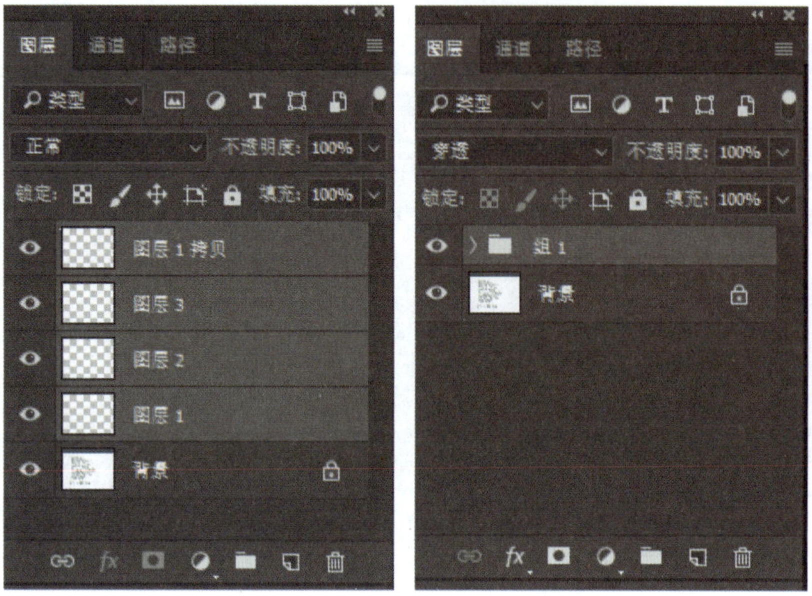

（a）选中图层　　（b）创建图层组

图3-54　图层组的创建

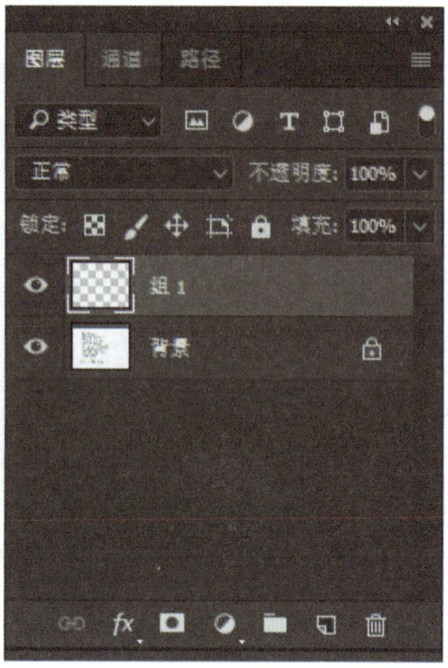

图3-55　合并组命令的使用

（3）取消图层编组

取消图层编组是指将组中的图层都释放出来，成为单独的图层。在图层组上单击鼠标右键，在弹出的快捷菜单中选择“取消图层编组”选项即可将图层组取消，如图3-56所示。

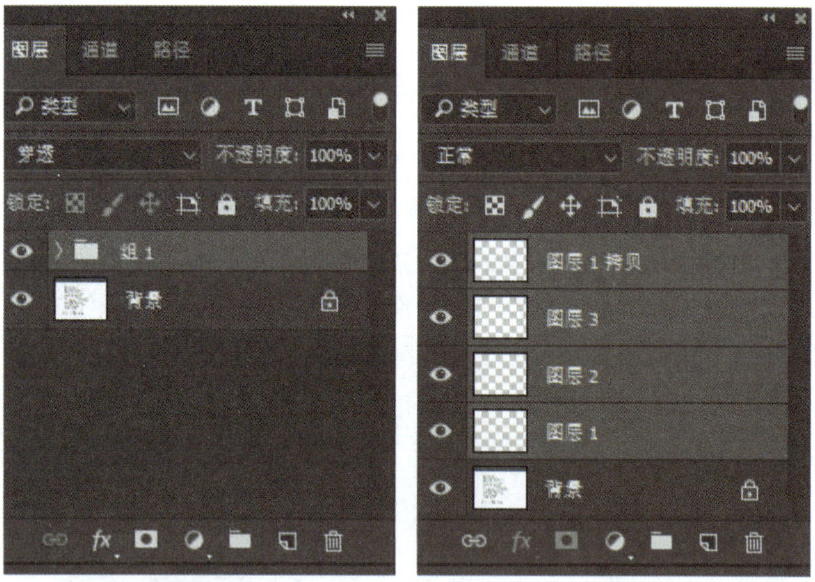

（a）取消前　　（b）取消后

图3-56　取消图层编组命令

10. 智能对象

智能对象是新版本的Photoshop中新增的功能。智能对象具有以下特性：将图像缩小，再恢复到原来大小后，图像的像素不会丢失。智能对象还支持多层嵌套功能和应用滤镜，应用的滤镜将显示在智能对象图层的下方。

（1）创建智能对象

单击“图层”→“智能对象”→“转换为智能对象”命令，可以将图层中的单个或多个图层转换成一个智能对象，也可将普通图层与智能对象转换成一个智能对象，如图3-57所示。

（2）导出智能对象

单击“图层”→“智能对象”→“导出内容”命令，可以将智能对象的内容按照原样导出到任意存储地址，智能对象将采用psb格式存储，如图3-58所示。

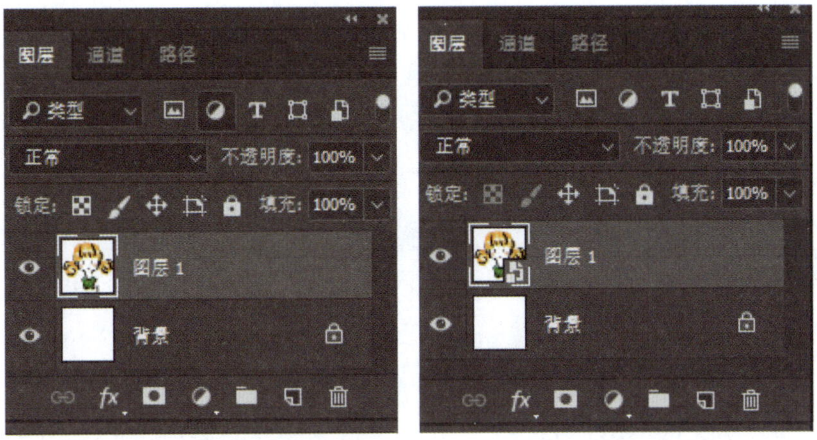

（a）原图　　（b）智能图层

图3-57　创建智能对象

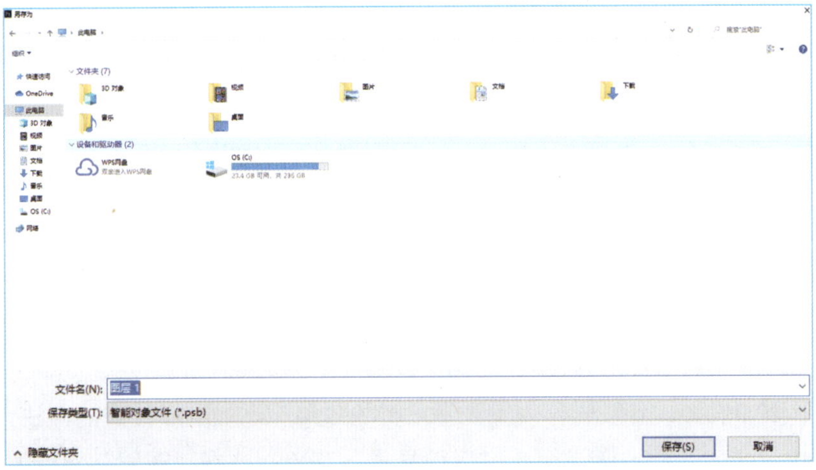

图3-58　导出智能对象

三、图层的混合模式

图层混合主要用于表现图层与图层之间的像素颜色的相互作用，从而达到不同的效果。当“图层”选项卡中存在两个以上的图层时，上面一层的图像会对下面图层的图像产生作用。

在“图层”面板中，单击“模式”下拉列表框，可展开图层混合模式列表，如图3-59所示。

图层的混合模式可以控制图像中像素的色调和光线，应用这些混合模式之前应从下面的颜色应用角度来考虑：基色，是图像中的原稿颜色；混合色，是通过绘画或编辑工具应用的颜色；结果色，是混合后得到的颜色。

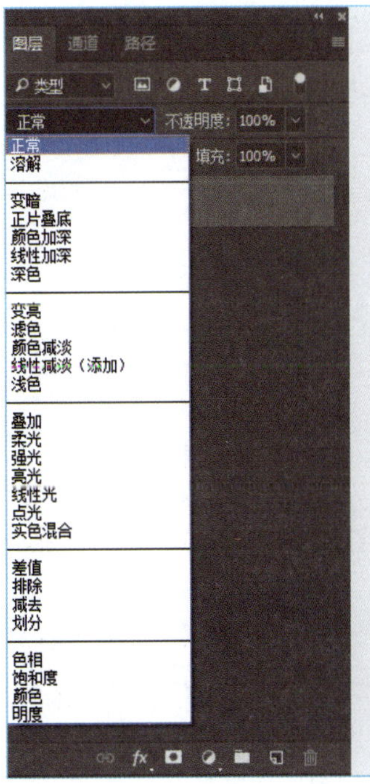

- 正常：图层混合模式的默认方式，效果只受不透明的影响。
- 溶解：编辑或绘制每个像素时，使其成为结果色，但根据像素位置的不透明度，结果色由基色或混合色的像素随机替换。
- 变暗：查看每个通道中的颜色信息，选择基色或混合色中较暗的作为结果色，其中比混合色亮的像素被替换，比混合色暗的像素保持不变。
- 正片叠底：查看每个通道中的颜色信息并将基色与混合色复合，结果色是较暗的颜色。任何颜色与黑色混合产生黑色，与白色混合保持不变。
- 变亮：查看每个通道中的颜色信息，选择基色或混合色中较亮的颜色作为结果色，比混合色暗的像素被替换，比混合色亮的像素保持不变。
- 滤色：查看每个通道的颜色信息，将混合色的互补色与基色混合。结果色总是较亮的颜色，用黑色过滤时颜色保持不变，用白色过滤将产生白色。此效果类似于多个摄影幻灯片在彼此之上投影。

图3-59　图层混合模式下拉列表框

- 叠加：复合或过滤颜色具体取决于基色。图案或颜色在现有像素上叠加，同时保留基色的明暗对比，不替换基色，但将基色与混合色相混，以反映原色的亮度或暗度。
- 柔光：可以产生柔光照射效果。
- 差值：查看每个通道中的颜色信息并从基色中减去混合色，或从混合色中减去基色，具体取决于哪一种颜色的亮度值更大。与白色混合将反转基色值，与黑色混合则不产生变化。
- 排除：创建一种与“差值”模式相似但对比度更低的效果。与白色混合将反转基色值，与黑色混合则不发生变化。
- 色相：用基色的亮度、饱和度与混合色的色相创建结果色。
- 饱和度：用基色的亮度、色相与混合色的饱和度创建结果色。在无（0）饱和度（灰色）的区域上用此模式绘画不会产生变化。
- 颜色：用基色的亮度与混合色的色相、饱和度创建结果色，这样可以保留图像中的灰阶，这对于给单色图像上色和给彩色图像着色都非常有用。
- 明度：用基色的色相、饱和度与混合色的亮度创建结果色。此模式可创建与“颜色”模式相反的效果。

四、图层样式

1. 图层样式的应用

图层样式是指在图层中，对图形添加投影、外发光、内发光等之类的效果。添加图层样式的方法：选中图层，单击“图层”面板下方的“样式”按钮fx，弹出“图层样式”菜单；或在“图层”面板中双击图层，打开“图层样式”对话框，如图3-60所示。

单击图层样式前面的复选框，可以选中对应的图层样式，再次单击复选框，取消选择对应的图层样式。

（1）“斜面和浮雕”样式

“斜面和浮雕”样式用于增加图像边缘的暗调和高光，使图像产生立体感。

（2）“描边”样式

使用描边样式可以沿图像边缘填充一种颜色，如同使用“描边”命令描边图像边缘或选区边缘一样。

（3）“内阴影”样式

“内阴影”样式沿图像边缘向内产生投影效果，与“投影”样式产生效果方向相反。

（4）“内发光”样式

“内发光”样式与“外发光”样式在产生效果的方向上刚好相反，它是沿图像边缘向内产生发光效果，其参数的设置也是一样的。

（5）“光泽”样式

“光泽”样式通常用于制作光滑的磨光或金属效果。

（6）“颜色叠加”样式

“颜色叠加”样式是使用一种颜色覆盖在图像的表面。

（7）“渐变叠加”样式

“渐变叠加”样式是使用一种渐变颜色覆盖在图像的表面，如同使用渐变工具填充图像或选区一样。

（8）“图案叠加”样式

“图案叠加”样式是使用一种图案覆盖在图像表面，如同使用图案图章工具使一种图案填充图像或选区一样。

（9）“外发光”样式

“外发光”样式沿图像边缘向外生成类似发光的效果。

（10）“投影”样式

“投影”样式用于模拟物体受光后产生的投影效果，主要用来增加图像的层次感，生成的投影效果是沿图像的边缘向外扩展。

部分图层样式的使用如图3-61所示。

2. 管理图层样式

图层样式的应用是因图层的效果层而存在的，因此可以对其进行一些复制、粘贴、清除和缩放等操作，单击“图层”→“图层样式”命令，或右键单击效果图层右端的“图层效果”按钮，弹出的快捷菜单如图3-62所示。

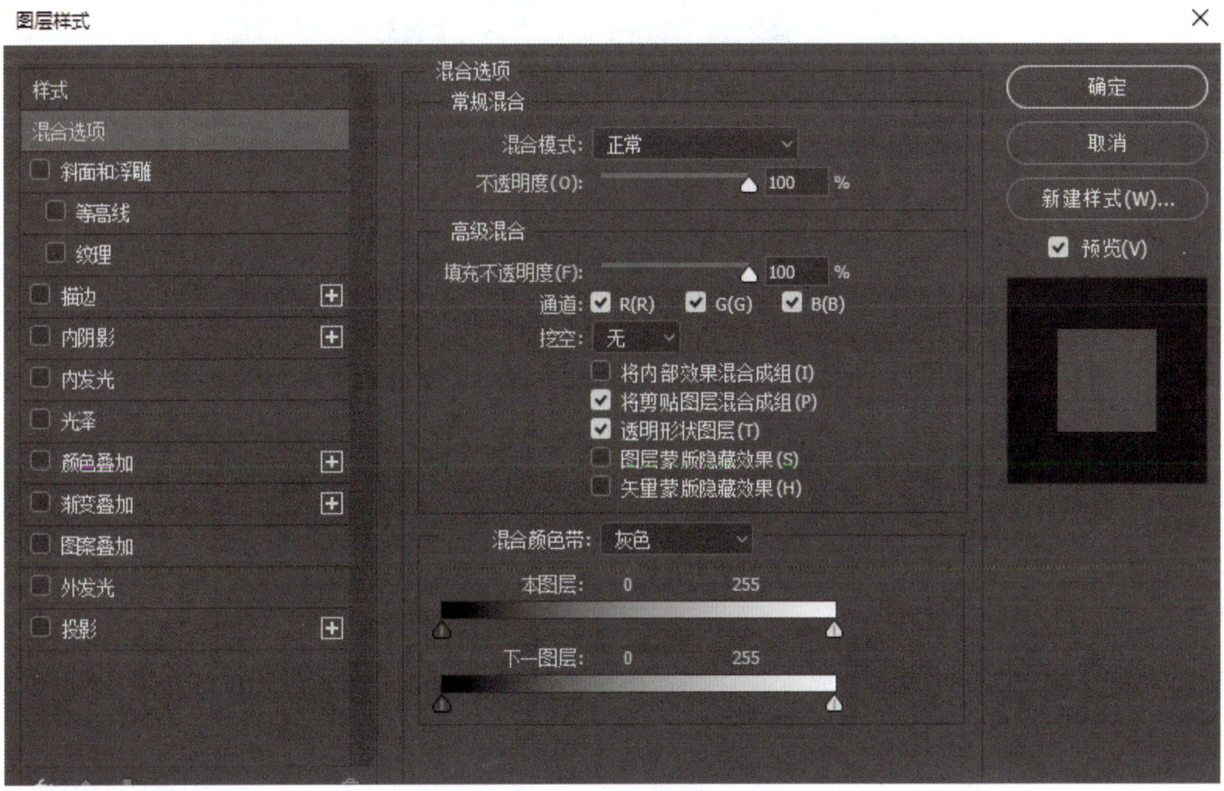

图3-60 图层样式对话框

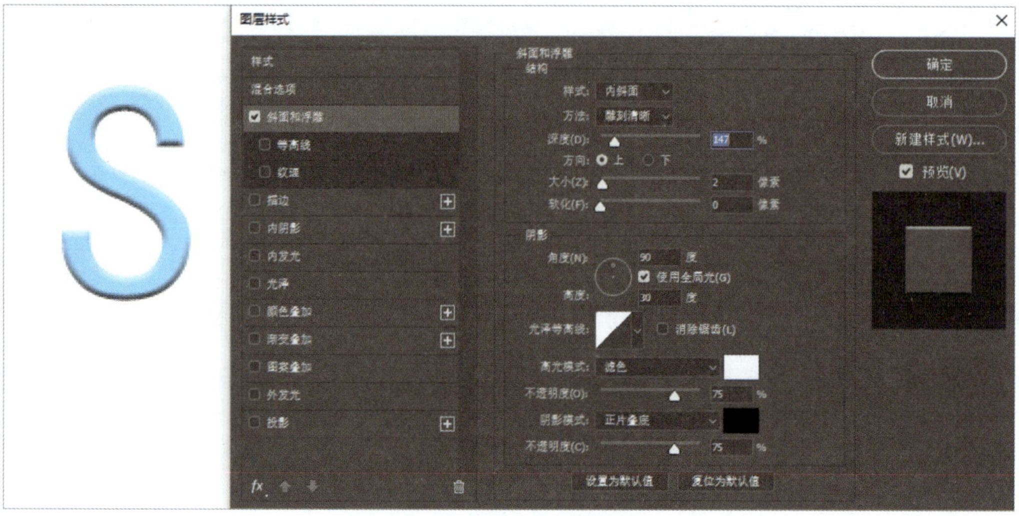

（a）“斜面和浮雕”样式的使用

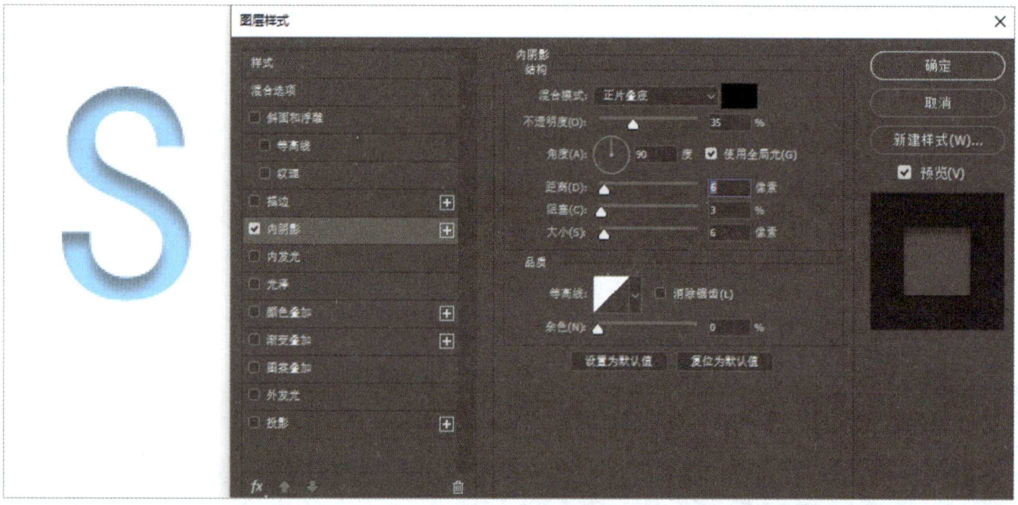

（b）“内阴影”样式的使用

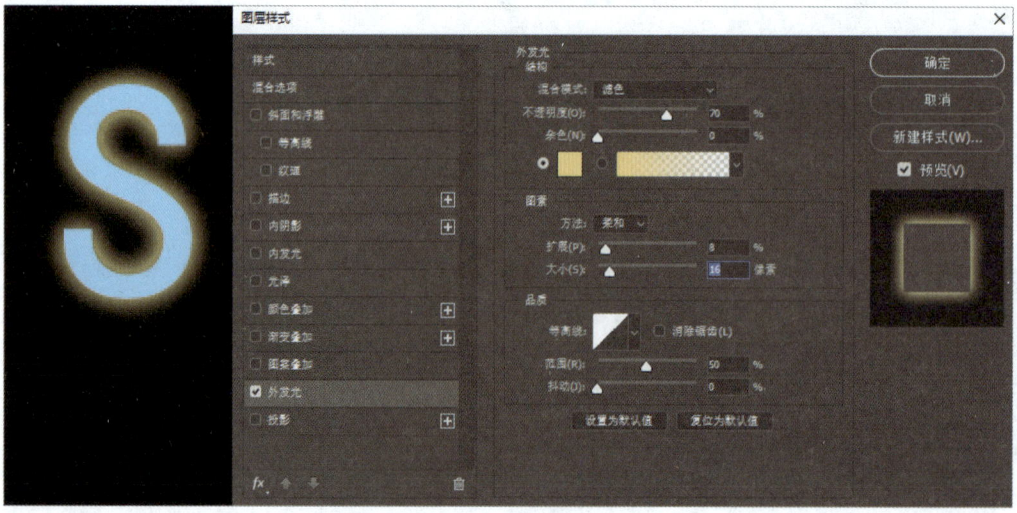

（c）“外发光”样式的使用

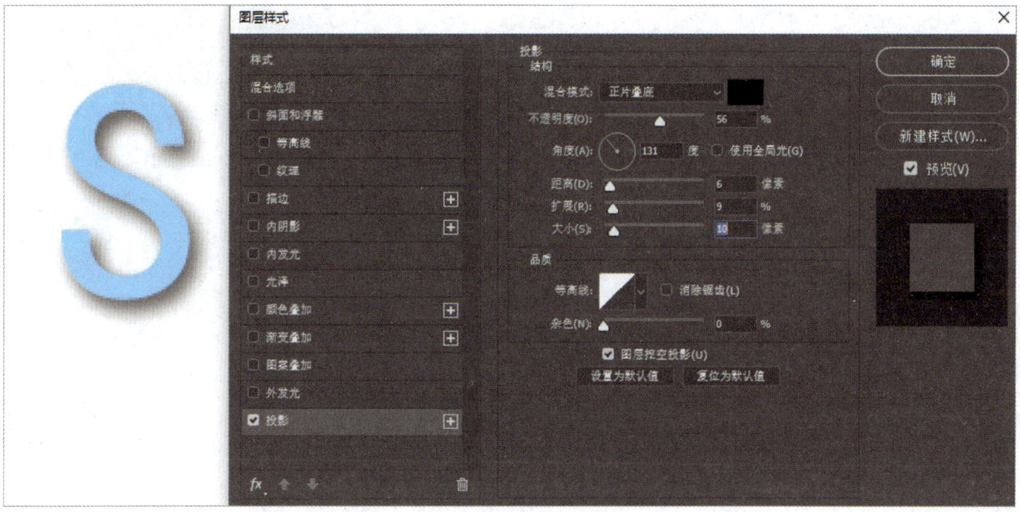

（d）“投影”样式的使用

图3-61　部分图层样式的使用

（1）拷贝图层样式

在需要对多个图层应用相同的图层样式时，可以拷贝图层样式，然后在未使用图层样式的图层上进行粘贴。

（2）移动图层样式

不同图层之间的图层样式可以进行移动操作，不仅可以移动所有图层样式，还可以移动某一种具体的图层样式，如图3-63所示。

（3）缩放图层样式

缩放图层样式是指按比例调整样式参数，以获得更好的视觉效果。在不同图像之间复制图层样式时，若目标图像的大小及分辨率与源图像不同，则在应用图层效果后可能会出现拥挤或松散的情况，此时就需调整该图层样式的缩放效果。

单击“图层”菜单→“图层样式”→“缩放效果”命令，将弹出“缩放图层效果”对话框，可对图层样式进行缩放设置，如图3-64所示。

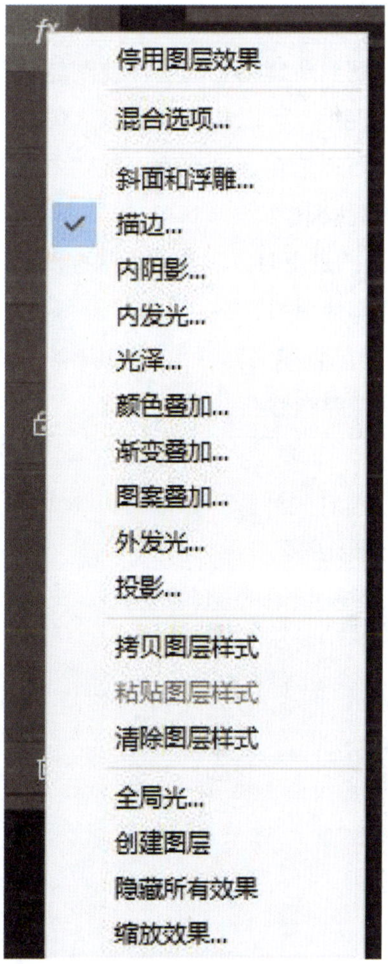

图3-62　“图层效果”快捷菜单

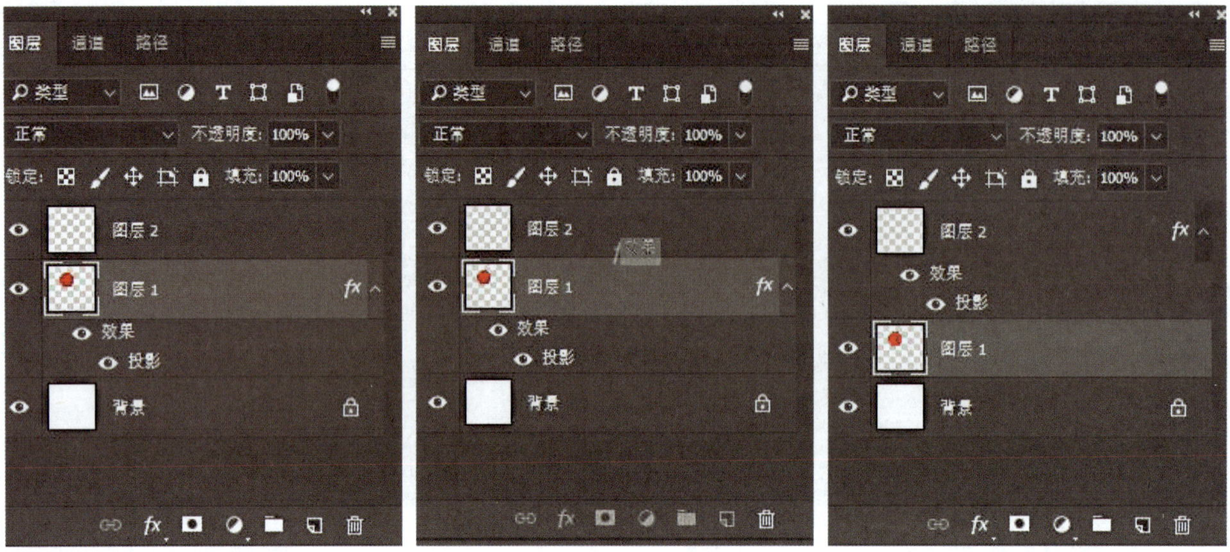

（a）移动前　　（b）移动中　　（c）移动后

图3-63　图层样式的移动

项目小结

本项目中讲述了图层的概念、图层的操作、图层样式及图层混合模式。我们了解到新建图层的操作使图像处理变得更加生动灵活；图层样式的使用，可以制作出具有立体效果的图形；图层混合模式的使用，可以给图像呈现不同的艺术效果。通过本项目的学习，应重点掌握以下内容：

图3-64　缩放图层效果对话框

1. 在学习图层的概念时，需要清晰掌握图层的原理与作用，从而形成图层创建与管理的思路。

2. 在学习图层混合模式时，由于图层混合模式种类较多，应掌握每种图层混合模式所对应的特点，以便在合成图像时能够准确地应用。

项目拓展

1. 制作一组柱形图表。
2. 制作一幅西餐厅下午茶宣传广告。

项目

04

图像的绘制与修饰

项目提要

在使用Photoshop对图像进行绘制及修饰的操作中，Photoshop软件提供了多种工具与命令，其中包括画笔工具、橡皮擦工具、油漆桶工具、历史记录画笔工具等，这些工具与命令合理运用能够给作品创造出新的元素赋予作品新的视觉感受。

学习目标

1. 绘制图像。
2. 擦除图像。
3. 填充颜色。
4. 修饰图像。

任务一　制作母亲节贺卡封面页

任务描述

本任务是在母亲节来临之际制作一张贺卡，表达对母亲的爱。母亲与女儿在一起互动的画面体现母女之间亲密深厚的感情；散落的花瓣漫天飞舞营造温暖、浪漫的氛围；水彩画风格的质地突显艺术美感，效果如图4-1所示。

图4-1　母亲节贺卡封面页效果图

任务解析

1. 启动Photoshop图像处理软件，设置新建贺卡画布预设。
2. 使用渐变工具填充图层颜色。
3. 使用油漆桶填充自定义图案。
4. 使用画笔工具，进行自定义画笔笔触，运用“画笔面板”设置，绘制水彩效果图案背景。
5. 使用魔术橡皮擦工具对图案进行镂空效果修饰。
6. 添加文字及其他素材。

任务实现

①启动Photoshop图像处理软件，单击“文件”→“新建”命令，选择菜单“图稿和插图”→“明信片”预设项，创建一个文件名为“母亲节贺卡封面页”的文件，如图4-2所示。

图4-2 “新建”对话框

②在图层面板下方单击“新建图层”按钮，图层命名为“蓝色渐变”，选择工具箱中“渐变工具”，选项栏设置蓝色（abd4f4）至白色（ffffff）的渐变，选项栏中选择“线性渐变”，鼠标在画布中由上至下拉伸完成渐变填充，如图4-3所示。

图4-3 渐变工具的使用

③在图层面板下方单击“新建图层”按钮，图层命名为“艺术画布”，选择工具箱中“油漆桶工具”，选项栏中设置填充区域的源为“图案”，选择“深色组织物图案”，“模式”为正常，“不透明度”为25%，“容差”为10，填充画布效果如图4-4所示。

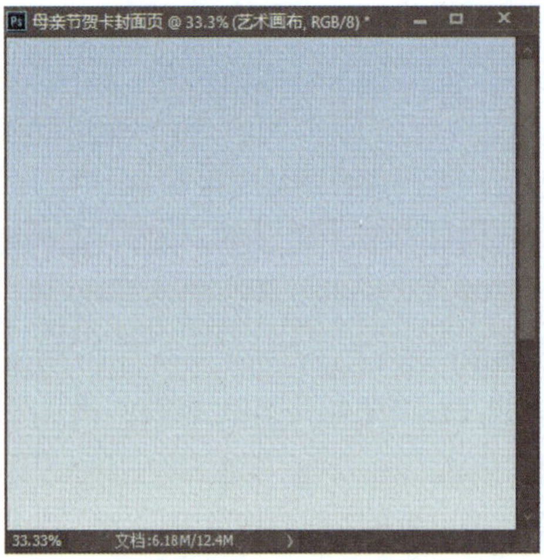

图4-4 使用油漆桶工具填充画布效果

④打开素材项目四（4.1）.psd，单击“编辑”→“定义画笔预设”命令。在弹出的“画笔名称”对话框中输入画笔的名称为“花瓣画笔”，单击“确定”按钮，创建的“花瓣画笔”添加在“画笔预设选取器”的末端，如图4-5所示。

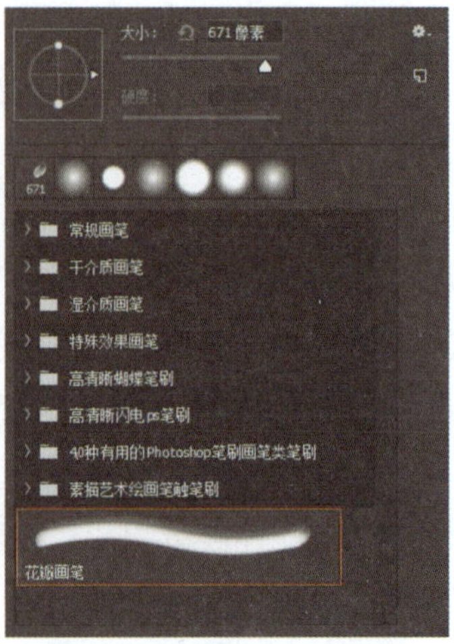

图4-5 定义画笔预设的使用

⑤选择工具箱中“画笔工具”，单击画笔属性栏中的“画笔设置”面板，单击“形状动态”选项，设置大小抖动为75%，最小直径为2%，角度抖动为50%，圆度抖动为48%，如图4-6所示。

⑥单击“画笔设置”面板中的“散布”选项，设置散布为1000%，数量为1，其他参数默认，如图4-7所示。设置完成后点击“画笔设置”面板下方的“创建新画笔”按钮，保存预设画笔，预设画笔命名为“花瓣画笔分散”。

⑦选择工具箱中的“画笔工具”，单击选项栏“画笔预设选取器”，在弹出的菜单中选择已预设的“花瓣画笔分散”画笔笔触，如图4-8所示。选项栏设置“画笔大小”为243像素，“不透明度”为80%，“流量”为50%。“前景色”为粉红色（f17990），在图层面板中单击新建图层按钮，新建图层命名为“粉色花瓣”，在图像中单击并拖动鼠标绘制花瓣，如图4-9所示。

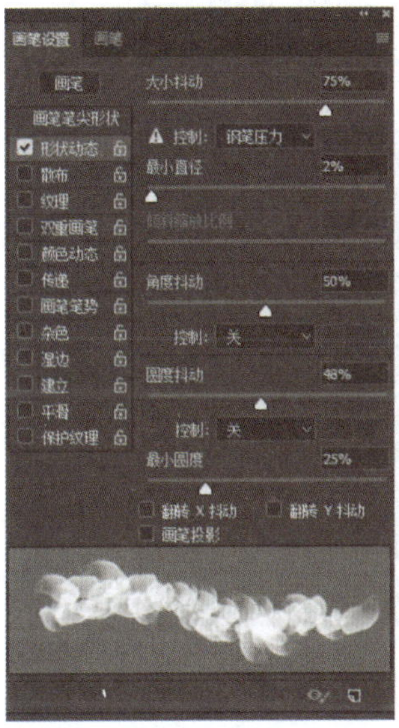

图4-6　设置“形状动态”面板

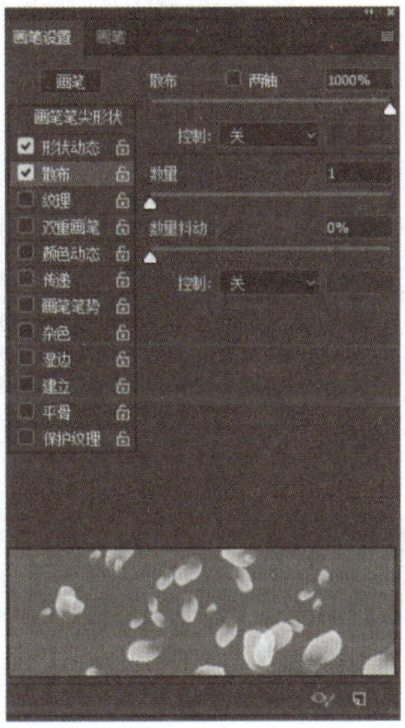

图4-7　设置“散布”面板

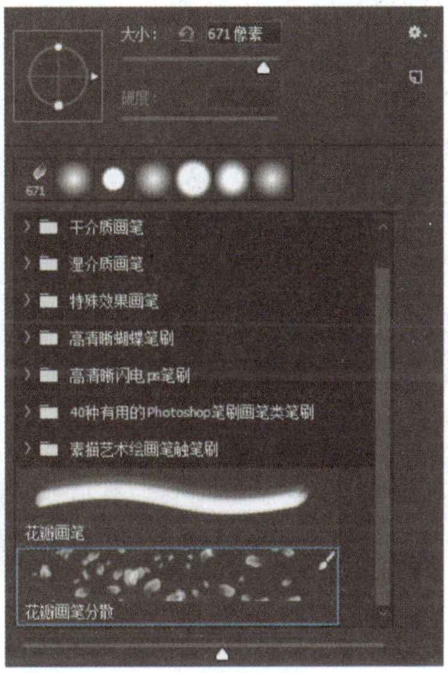

图4-8　设置画笔笔触

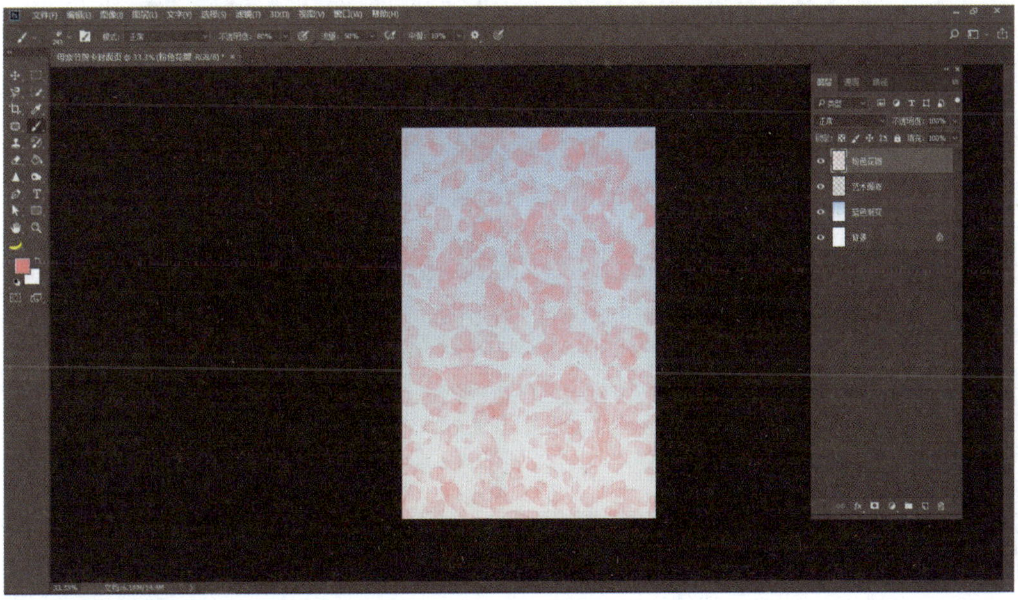

图4-9　绘制花瓣效果

⑧再次设置“画笔大小”为322像素，“不透明度”为80%，“流量”为50%，设置“前景色”为蓝色（818afb），在图像中单击鼠标绘制，如图4-10所示。

⑨选择工具箱中的“魔术橡皮擦工具”，设置“容差”值为1，用鼠标在图像上半部分单击擦除花瓣，制作出的镂空效果如图4-11所示。

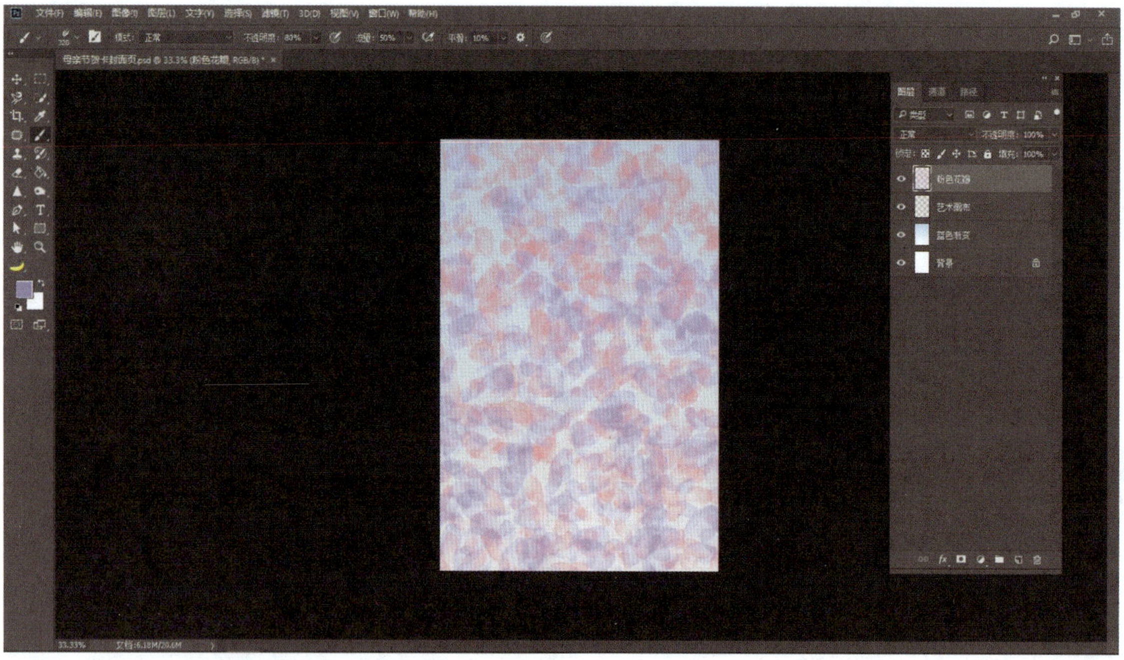

图4-10　绘制蓝色花瓣效果

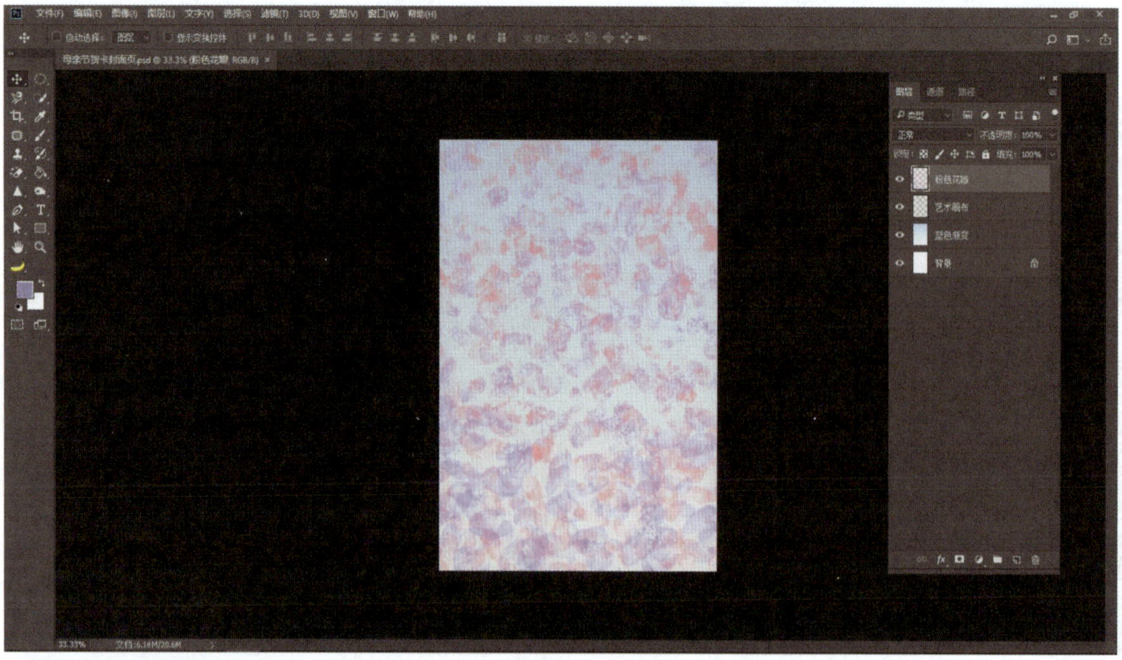

图4-11　魔术橡皮擦工具的使用

⑩打开素材项目四（4.2）.psd，将该素材文件移至“母亲节贺卡封面页”选项卡，如图4-12所示，图层命名为“母女”。

⑪添加“横幅”素材及母亲节相关文本，单击“文件”→“存储”命令保存文件，最终效果如图4-13所示。

图4-12　添加主图素材

图4-13　母亲节贺卡封面页最终效果图

任务二　制作母亲节贺卡阅读页

任务描述

本任务是设计母亲节贺卡阅读面，延续封面页温情的风格，增加文字书写区域，以文字方式表达对母亲的感恩之情，效果如图4-14所示。

图4-14　母亲节贺卡阅读页效果图

任务解析

1. 启动Photoshop图像处理软件，打开素材图像。
2. 使用历史记录艺术画笔工具修饰图像。
3. 背景像皮擦的运用。
4. 使用文本工具绘制虚线。

任务实现

①启动Photoshop图像处理软件，单击“文件”→“打开”（或按Ctrl+O组合键）命令，打开素材项目四（4.4）.jpg，如图4-15所示。

图4-15　打开素材

②点击图层面板下方的“创建新图层”按钮，图层命名为“艺术画笔”，选择工具箱中的“历史记录艺术画笔工具”，运用选项栏画笔预设选取器，设置“画笔笔尖形状”为“柔边圆”，“画笔大小”为120像素，“模式”为正常，“不透明度”为18%，“样式”为松散卷曲，“区域”为100像素，在打开的图像中涂抹，图像变成抽象的艺术效果，如图4-16所示。

③选择工具箱中的“背景橡皮擦工具”，运用选项栏“画笔预设选取器”设置“画笔大小”为81像素，“硬度”为64%，“间距”为25%，“角度”为 -55°，“圆度”为20%；选择“连续取样”，设置“限制”为连续，“容差值”为32%，在图像下方（对应背景图层母女图案）连续涂抹，图层部分擦除，形成擦除的笔触效果，如图4-17所示。

图4-16　历史记录艺术画笔工具的使用

图4-17　背景橡皮擦工具的使用

图4-18　绘制虚线

④选择工具箱中的“文本工具”，设置字体颜色为棕色（825967），字体大小为12点，单击电脑键盘减号键，即可形成虚线，如图4-18所示。

⑤复制虚线图层，布满文字书写区域。点击“文件”→“存储”命令保存文件，添加文字后效果如图4-19所示。

图4-19　母亲节贺卡阅读页最终效果图

项目相关知识

一、绘制图像

1. 画笔工具的认识

“画笔工具”常用来绘制边缘较为柔软的线条，也可配合蒙版和通道来使用，其选项栏如图4-20所示。

2. 画笔的设置

要使用画笔绘制出复杂的图形，需要更加详细地设置画笔的参数，这些参数在画笔面板中设置。单击“窗口”→“画笔”命令（或在画笔工具选项栏中单击画笔设置按钮），弹出画笔设置面板，如图4-21所示。

①画笔笔尖形状。画笔笔尖形状设置如图4-22所示。

②形状动态。“形状动态”可以调整画笔的笔迹变化，单击“画笔”面板中的“形状动态”选项，会显示相关设置的选项，如图4-23所示。

图4-20 画笔工具选项栏

- 画笔预设：单击该按钮，打开“画笔预设管理器”选项卡，可以选择笔尖、设置画笔的大小和硬度参数。
- 切换画笔面板：单击该按钮可以打开“画笔设置”面板，对画笔进行多种设置。
- 模式：单击“模式”右侧的三角形按钮，可以选择画笔笔迹颜色与下面图层像素的混合模式。
- 不透明度：点击该按钮，可以设置画笔的不透明度。该值越低，画笔线条的透明度越高。
- 流量：点击该按钮，可以设置当鼠标移动到某个区域上方时应用颜色的速率。
- 启用喷枪样式的建立效果：单击该按钮，即可启用喷枪功能，Photoshop会根据鼠标按键的按下时间确定画笔线条的填充数量。例如，未启用喷枪时，鼠标每单击一次便填充一次；启用喷枪后，按住鼠标左键不放，则可以持续填充。
- 平滑：单击该按钮设置描边平滑度，可使鼠标在快速移动中也能够绘制较为平滑的线段，数值越高越能减少描边的抖动。

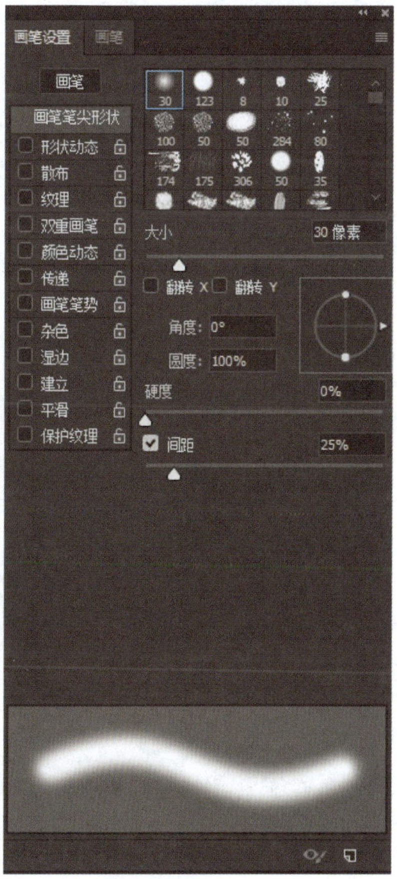

图4-21 画笔设置面板

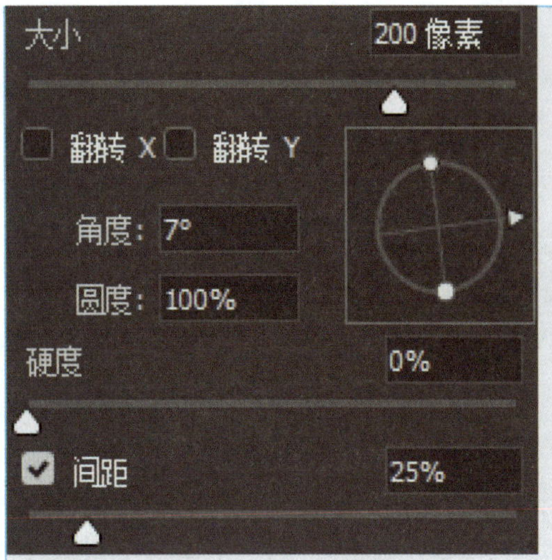

图4-22 画笔笔尖形状设置面板

- 大小：用来设置画笔的直径大小，数值范围为1~5000像素。可以拖动滑块进行调整，也可在文本框中输入数值。
- 翻转X/翻转Y：用来改变画笔笔尖在其 *X* 轴或 *Y* 轴上的方向。
- 角度：用来设置画笔的旋转角度。可以拖动右侧小三角进行调整，也可在文本框中输入具体角度数值。
- 圆度：用来设置画笔长轴和短轴之间的比例。可以拖动两个小圆点任意一个进行调整，也可在文本框中输入0~100%之间的数值，当数值小于100% 时，可将画笔压扁。
- 硬度：用来设置画笔的硬度。该值越小，画笔的边缘越柔和。
- 间距：用来设置画笔笔迹之间的距离。该值越大，笔迹之间的间隔距离就越大。

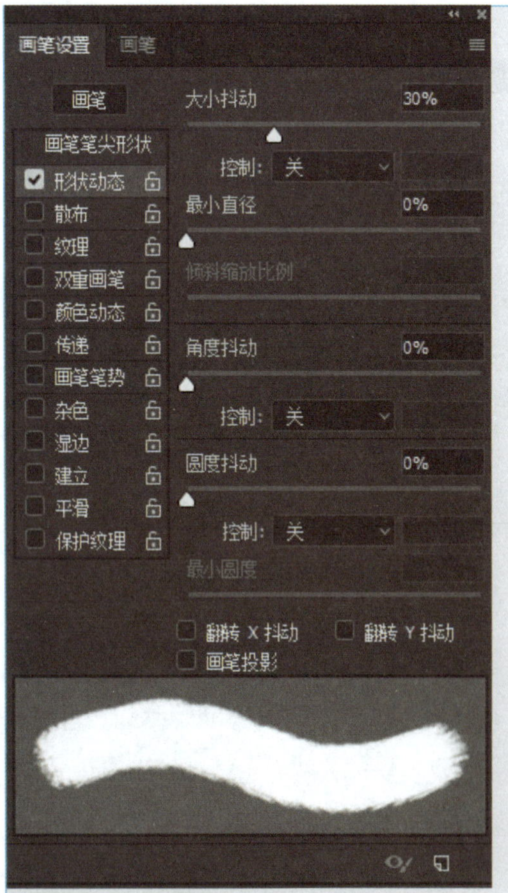

图4-23 “形状动态”选项

- 大小抖动：用来设置画笔笔迹大小的改变方式。该值越大，轮廓越不规则，变化越明显。在“控制”现象下拉列表中，可以选择抖动的变化方式，选择“关”，表示不控制画笔笔迹的大小变化；选择“渐隐”，可按照指定数量的数值在初始直径和最小直径之间渐隐画笔笔迹的大小。通过适合的减弱步数，使其产生逐渐淡出的效果。如果配置有绘画板，可以选择“钢笔压力”“钢笔斜度”“光轮笔”和“旋转”选项来改变初始直径和最小直径之间的画笔笔迹大小。
- 最小直径：启用“大小抖动”选项可设置画笔笔迹缩放的最小百分比，数值越大，变化越小。
- 角度抖动：用来改变画笔笔迹的角度，该值越大，变化效果越明显。
- 圆度抖动：用来设置画笔笔迹的圆度在描边中的变化方式。该值越大，变化效果越明显。
- 最小圆度：当启用了一种控制方法后，可在“最小圆度”中设置画笔笔迹的最小圆度。
- 翻转X/Y抖动：用来设置笔尖在其 *X* 轴或 *Y* 轴上的方向。
- 画笔投影：用来为画笔添加投影效果。

③散布。“散布”可以用来设置画笔笔迹散布的数量和位置，使笔迹沿绘制的线条扩散。单击“画笔”面板中的“散布”选项，会显示相关设置的内容，如图4-24所示。

④纹理。“纹理”用来设置画笔的纹理效果，使画笔绘制出来的线条像是在带纹理的画布上绘制的一样，调整前景色可以改变纹理的颜色。单击“画笔”面板左侧的“纹理”选项，会显示相关设置的内容，如图4-25所示。

⑤双重画笔。“双重画笔”让描绘的线条中呈现出两种画笔效果。单击“画笔”面板左侧的“双重画笔”选项，会显示相关设置的内容。

⑥颜色动态。“颜色动态”决定了不透明度抖动、流动抖动和油彩颜色的变化方式。要让绘制出的线条颜色、饱和度和明度等产生变化，单击“画笔”面板中的“颜色动态”选项，会显示相关设置的内容，如图4-26所示。

⑦传递。“传递”通过设置画笔笔迹的不透明度和流量来确定油彩在描边路线中的改变方式。单击“画笔”面板中的“传递”选项，会显示相关设置内容，如图4-27所示。

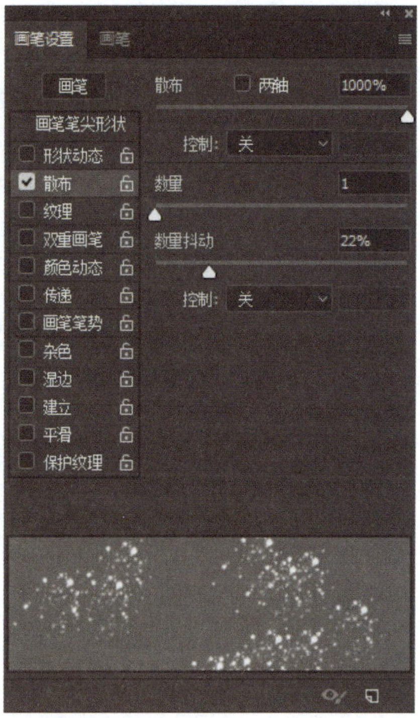

图4-24 “散布”选项

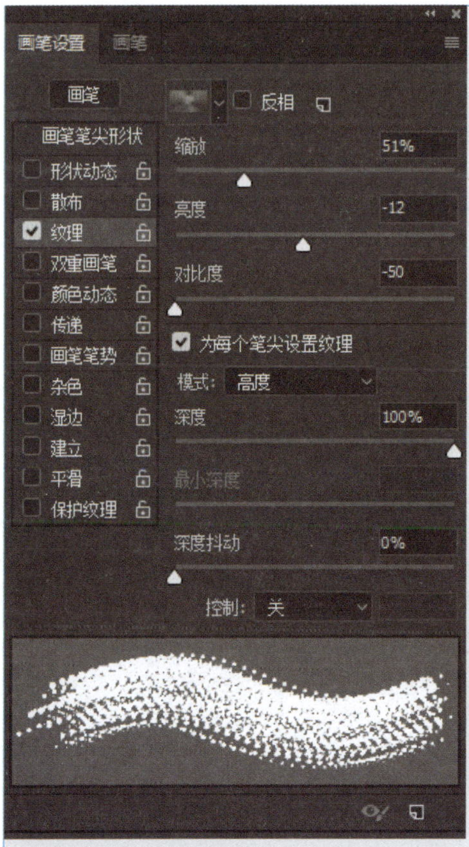

图4-25 “纹理”选项

- 反相：勾选“反相”复选框，可基于图案中的色调反转纹理中的亮点和暗点，图案中最亮区域是纹理中的暗点。单击图案缩览图右侧的三角按钮，可以打开“图案拾色器”选择图案，将其设为纹理。
- 缩放：用来缩放纹理图案。
- 亮度：用来设置纹理的亮度。
- 对比度：用来设置纹理的对比度。
- 为每个笔尖设置纹理：用来选择绘画时是否单独渲染每个笔尖。如果不勾选该选项，则无法使用“深度抖动”选项。
- 模式：用来设置画笔和图案之间的混合模式。
- 深度：用来设置油彩渗入纹理中的深度。该值为0时，纹理中的所有点都接收相同数量的油彩，进而隐藏图案；当该值为100% 时，纹理中的暗点不接收任何油彩。
- 最小深度：用来指定当“控制”设置为“渐隐”“钢笔压力”“钢笔斜度”“光笔轮”，并选中“为每个笔尖设置纹理”选项后，该选项才可使用。
- 深度抖动：用来设置纹理抖动的最大百分比。

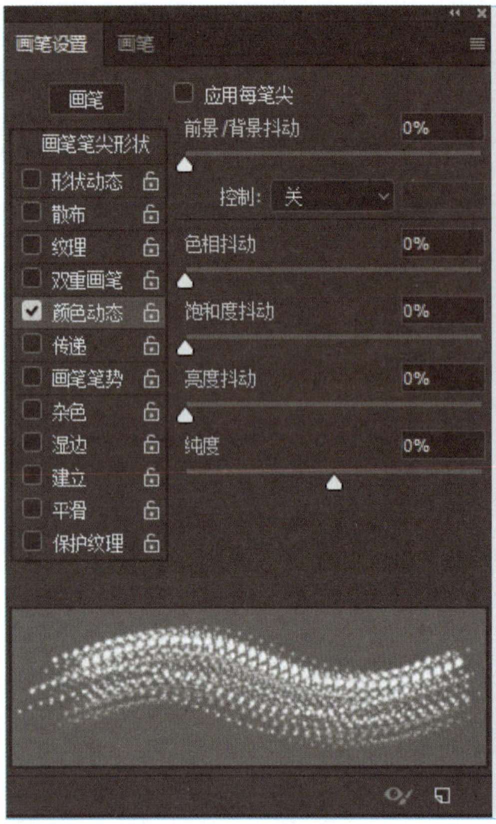

- 前景/背景抖动：用来指定前景色和背景色之间的油彩变化方式。该值越小，变化后的颜色越接近前景色；该值越大，变化后的颜色越接近背景色。
- 色相抖动：用来设置颜色变化范围。该值越小，颜色越接近前景色；该值越大，色相变化越丰富。
- 饱和度抖动：用来设置颜色的饱和度变化范围。该值越小，饱和度越接近前景色；该值越大，色彩的饱和度越高。
- 亮度抖动：用来设置颜色的亮度变化范围。该值越小，越接近前景色；该值越大，颜色的亮度值越大。
- 纯度：用来设置颜色的纯度。该值为 -100% 时，笔迹的颜色为黑白色；该值越大，颜色饱和度越高。

图4-26 “颜色动态”选项

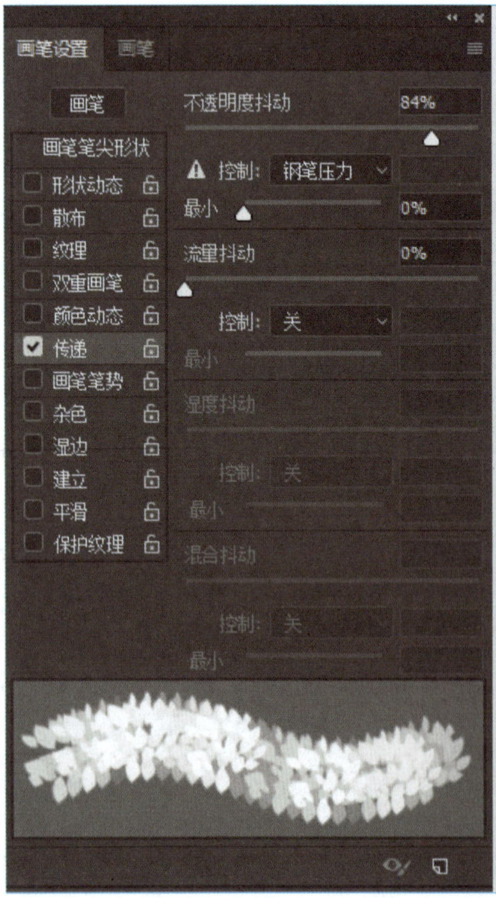

- 不透明度抖动：用来设置画笔笔迹中油彩不透明度的变化程度。
- 流量抖动：用来设置画笔笔迹中油彩流量的变化程度。

图4-27 “传递”选项

⑧画笔笔势。“画笔笔势”用来调整毛刷画笔笔尖、控制画笔笔触随鼠标走势改变而改变的效果。

3. 自定义画笔

使用选区工具，在图像中创建要作为画笔的选区，画笔形状的大小最大可达2500×2500（像素）。单击“编辑”→“定义画笔预设”命令，在弹出的“画笔名称”对话框中单击“确定”按钮，即可定义画笔预设。

二、擦除图像

擦除图像是图像处理的过程中必不可少的步骤，Photoshop中包含了3种擦除工具：橡皮擦工具，背景橡皮擦工具，魔术橡皮擦工具。

1. 橡皮擦工具

“橡皮擦工具”可以擦除当前图层的图像，其选项栏如图4-28所示。如果在“背景”图层或锁定了透明区域的图像中使用该工具，被擦除的部分会显示为背景色；处理其他图层时，可擦除涂抹区域的任何像素。

2. 背景橡皮擦工具

“背景橡皮擦工具”是一种智能橡皮擦，它能够自动识别对象边缘采集画笔中心的色样，同时删除在画笔内出现的颜色，使擦除区域成为透明区域。选择工具箱中的背景橡皮擦工具，其选项栏如图4-29所示。

3. 魔术橡皮擦工具

魔术橡皮擦工具可以擦除一定容差值内的相邻颜色。被擦除的区域不会以背景色来取代擦除颜色，而是变成透明图层。

图4-28 橡皮擦工具选项栏

- 模式：可以选择橡皮擦的种类。选择“画笔”模式，可创建柔边擦除效果；选择“铅笔”模式，可创建硬边擦除效果；选择“块”模式，则擦除效果为块状。
- 不透明度：用来设置工具的擦除强度，100%的不透明度可以完全擦除像素，较低的不透明度将部分擦除图像。将“模式”设置为“块”时，不能使用该选项。
- 流量：用来控制工具的涂抹速度。
- 抹到历史记录：勾选该复选框，在“历史记录”面板中选择一个状态或快照，在擦除时可以将图像恢复为指定状态。

图4-29 “背景橡皮擦”选项栏

- 取样：选择“连续”取样，拖动鼠标时可连续对颜色进行取样，如果光标中心的十字线碰触到需要保留的对象，也会将其擦除；选择“一次”取样，取样颜色后只擦除取样的颜色或类似的颜色；选择“背景色板”取样，只擦除包含背景色的区域。
- 限制：用来设置擦除时的限制模式。“不连续”，可以擦除光标下的任何位置的颜色；“连续”，只擦除包含样本颜色且互相连接的区域；“查找边缘”，可以擦除包含样本颜色的连接区域，同时更好地保留形状边缘的锐化程度。
- 容差：用来设置颜色的容差范围。数值越大，能够被擦除的颜色范围就越大。
- 保护前景色：如果要擦除的颜色与前景色相同，那么勾选该复选框，擦除时这种颜色将受到保护。

三、填充颜色

1. 吸管工具

“吸管工具”可以吸取指定位置图像的“像素”颜色。当需要一种颜色时，可以用“吸管工具”完成。吸管工具选项栏如图4-30所示。

2. 油漆桶工具

使用“油漆桶工具”，可以在图像中填充前景色或图案。在图像有选区的情况下，使用“油漆桶工具”填充的区域为所选的区域。如果没有创建选区，则填充与光标单击处像素相似或相邻像素的区域，其选项栏如图4-31所示。

（1）填充前景色

在工具箱中单击“拾色器”设置前景色，选择油漆桶工具即可在图像或选区中填充颜色。

（2）填充图案

工具箱中选择油漆桶工具，在选项栏“前景与图案”下拉列表中选择“图案”选项，即刻启用“图案”选项。单击填充菜单按钮，弹出“图案”菜单，可以载入其他图案选项。

图4-30 吸管工具选项栏

- 取样大小：用来设置吸管工具的取样范围。选择“取样点”，可拾取光标所在位置像素的精确颜色；选择“3×3平均”可拾取光标所在位置3个像素区域内的平均颜色；选择“5×5平均”，可拾取光标所在位置5个像素区域内的平均颜色，以此类推。
- 样本：选择“当前图层”表示只在当前图层上取样；选择“所有图层”表示在所有图层上取样。
- 显示取样环：勾选该项后，拾取颜色时会显示取样环。

图4-31 “油漆桶工具”选项栏

- 填充类型：默认的填充类型为“前景”命令，可以在图像中填充前景色。单击下拉列表选择“图案”命令，可打开图案预设列表选择填充的图案。
- 模式：模式是将当前的图层位于其下方的图层进行混合，从而产生的另外一种图像显示效果。
- 不透明度：不透明度决定内容显示的程度，当不透明度为100% 时，填充的内容完全显示；当不透明度设为0时，填充的内容完全隐藏。
- 容差：容差用于定义一个颜色相似度，一个像素必须达到此颜色相似度才会被填充。容差值的范围从0~255，低容差会填充颜色值范围内与所单击像素非常相似的像素，容差值越大，填充的范围越大。
- 消除锯齿：选择“消除锯齿”选项，可以平滑填充选区的边缘。
- 连续的：选择“连续的”选项，可以填充与所单击像素邻近的像素；不选择该选项，则填充图像中的所有相似像素。
- 所有图层：选择“所有图层”选项，填充时会自动识别所有图层的像素连续颜色，然后再对目标图层或选区进行填充。

3. 自定义图案

单击“编辑”→“定义图案”命令可以自定义图案。在图像中，用矩形选框工具绘制选区，将要定义的图像选中，然后选择“编辑”→“定义图案”命令，可以自定义图案。在使用矩形选框工具时，羽化值设置必须为零。

4. 填充命令

当应用选区工具绘制或者编辑好一个选区后，可以对其进行填充，得到制作图像时需要的图像内容。填充命令类似于工具箱中的油漆桶工具，可以在指定区域内填入指定的颜色，但该命令除了填充颜色之外还可以填充图案和快照内容。

单击“编辑”→“填充”命令（或按Shift+5组合键），出现“填充”对话框，如图4-32所示。

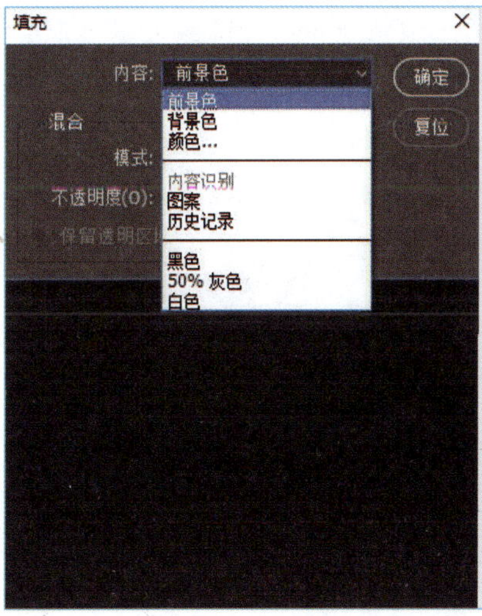

- 内容：将选区全部填充成内容。
- 模式：模式是将当前的图层位于其下方的图层进行混合，从而产生的另外一种图像显示效果。
- 不透明度：不透明度决定内容显示的程度，当不透明度为100%时，填充的内容完全显示；当不透明度设为0时，填充的内容完全隐藏。
- 保留透明区域：勾选后，图层或选区中的不透明区域将不会被填充。

图4-32 填充命令对话框

5. 渐变工具

①渐变是一种特殊的填充效果，采用多种颜色逐渐混合过渡来进行填充。有选区时渐变工具在选区内填充颜色；否则渐变填充将应用于整个图层，其选项栏如图4-33所示。

②自定义渐变。单击渐变颜色框，出现“渐变编辑器”，“渐变编辑器”里有预设的渐变样式，还可以通过渐变色标条自定义渐变样式，如图4-34所示。

图4-33 “渐变工具”选项栏

- 渐变颜色框：在此列表中显示渐变色的预览效果。单击可以打开渐变颜色框，在其中选择一种渐变进行填充。
- 渐变类型：“渐变类型”有5种，分别为线性渐变、径向渐变、角度渐变、对称渐变和菱形渐变。选择需要的渐变类型可得到不同的渐变效果。
- 模式：用来设置应用渐变时的混合模式。
- 不透明度：用来设置渐变效果的不透明度。
- 反相：可转换渐变中的颜色顺序，勾选此复选框，填充后的渐变颜色刚好与设置的渐变颜色相反。
- 仿色：勾选该复选框，可以使渐变效果更加平滑。
- 透明区域：勾选该复选框，将打开透明蒙版功能，使渐变填充时可以应用透明设置。

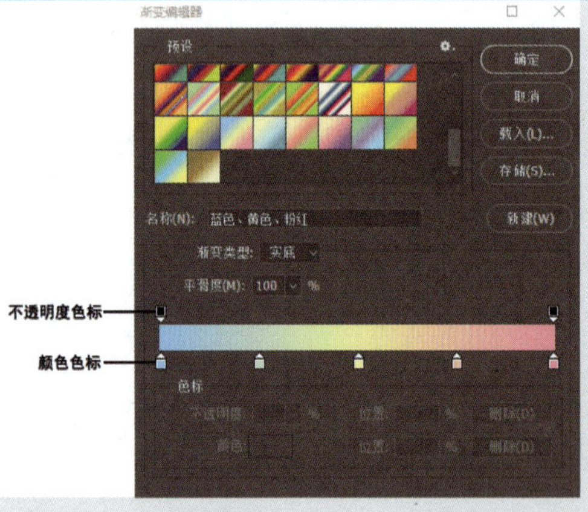

图4-34 渐变编辑器

- 预设：当前状态下所有渐变样式的缩略图。
- 名称：选中渐变缩略图的文字名称。
- 渐变类型：有实色、杂色可选。选择杂色时，下面有粗糙度、颜色模型、选项可以调节。
- 平滑度：控制渐变的平滑程度。平滑度越高，颜色过渡越自然；平滑度越低，颜色过渡越生硬。比较适合做基础渐变或刚硬的渐变效果。
- 不透明度色标：单击不透明度色标，“色标”高亮显示，可以设置色标的位置和不透明度。在起点和终点不透明度的位置单击可以添加不透明度色标，选中不透明度色标后单击向上拖曳，可删除不透明度色标。
- 颜色色标：单击颜色色标，“色标”面板高亮显示，可以设置色标显示的前景色和位置。在起点与终点颜色色标间的位置单击，可以添加颜色色标，选中颜色色标单击向下拖曳，可删除多余颜色色标。

四、修饰图像

1. 历史记录画笔工具

历史记录画笔工具其主要作用是恢复图像，但与“历史记录”面板不同的是，它不是将整个图像恢复到初始状态，而是对图像的局部进行恢复，因此可以对图像进行更细微的控制。

2. 历史记录艺术画笔工具

“历史记录艺术画笔工具”与历史记录画笔的工作方式完全相同，但它在恢复图像的同时可以进行艺术化处理，以风格化描边进行绘画，通过使用不同的绘画样式、大小和容差选项，可以用不同的色彩和艺术风格模拟绘画的纹理，创建出独具特色的艺术效果，其选项栏如图4-35所示。

图4-35 “历史记录艺术画笔工具”选项栏

- 模式：选择工具的绘图模式，包含7项，正常选项是根据绘图样式在原图中应用画笔。
- 样式：可以选择一个选项来控制绘画描边的形状，包括“绷紧短”“绷紧中”和“绷紧长”等。
- 区域：用来设置绘画描边所覆盖的区域。该值越高，覆盖的区域越高，描边的数量也越多。
- 容差：容差值可以限定应用绘画描边的区域。低容差可以用于在图像中的任何地方绘制无数条描边，高容差会将绘画描边限定在与源状态或快照中的颜色明显不同的区域。

项目小结

本项目中讲述了图像绘制与修饰工具的使用方法。这些工具可以快速地对图像进行修饰，得到满意的效果。通过本项目的学习，应重点掌握以下内容：

1. 在学习修饰工具时，掌握画笔工具、橡皮擦工具的使用方法，重点熟悉画笔工具的参数设置。
2. 在学习填充工具与命令时，熟练掌握各种填充方法。

项目拓展

1. 以剪纸艺术效果制作一张新年贺卡封面。
2. 结合新年贺卡封面制作一张同样风格的内页。

项目 05

路径的应用

项目提要

Photoshop中的路径是指由钢笔工具和形状工具所创建的线条或图形，这些线条或图形是矢量的，不论如何缩放，都不会影响它的分辨率和平滑度。使用路径绘制线条和图形精确度高，还可以灵活方便地进行修改、移动和复制。另外，路径可以描边和填充，还可以与选区相互转换，从而快捷自如地实现图像的预期效果。

学习目标

1. 路径的简介。
2. 路径的创建与编辑。
3. 路径的选择与变换。
4. 创建路径形状。
5. 应用路径。

任务一　绘制天气图标

任务描述

本任务是绘制一个天气图标，以蓝色为主色调，以云朵和太阳作为主图体现天气的主题，效果如图5-1所示。

图5-1　天气图标效果图

任务解析

1. 启动Photoshop图像处理软件，新建文档，填充颜色。
2. 使用形状工具绘制图标、云朵和太阳。
3. 使用直接选择工具调整锚点。
4. 使用图层面板调整图层不透明度。

任务实现

①启动Photoshop图像处理软件，单击“文件”→“新建”命令，新建一个文件名为“天气图标”，“宽度”为256像素，“高度”为256像素，“颜色模式”为RGB颜色，“分辨率”为72像素/英寸的文件，如图5-2所示。

②选择工具箱中的“圆角矩形工具”，在选项栏中选择“形状”按钮，设置宽度和高度为256像素，“半径”为50像素，在文档中绘制出一个圆角矩形形状，如图5-3所示。

③选择选项栏中的“填充”选项，在下拉菜单中选择“渐变”，单击渐变条，在“渐变编辑器”中设置蓝色渐变由（1bbdfa）至（1e78f2），如图5-4所示。给圆角矩形填充渐变颜色，如图5-5所示。

④选择工具箱中的“圆角矩形工具”，在选项栏中选择“形状”按钮，半径设置为50像素，填充设置为白色（ffffff）绘制圆角矩形，并用工具箱中“直接选择工具”选中锚点，调整圆角矩形的形状，如图5-6所示。

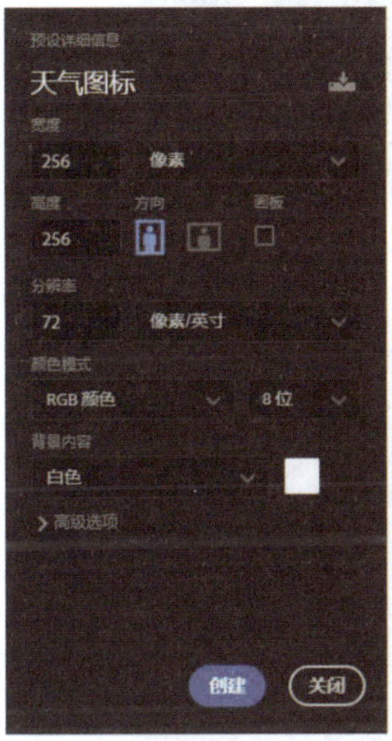

图5-2 “新建”对话框

图5-3 绘制圆角矩形路径

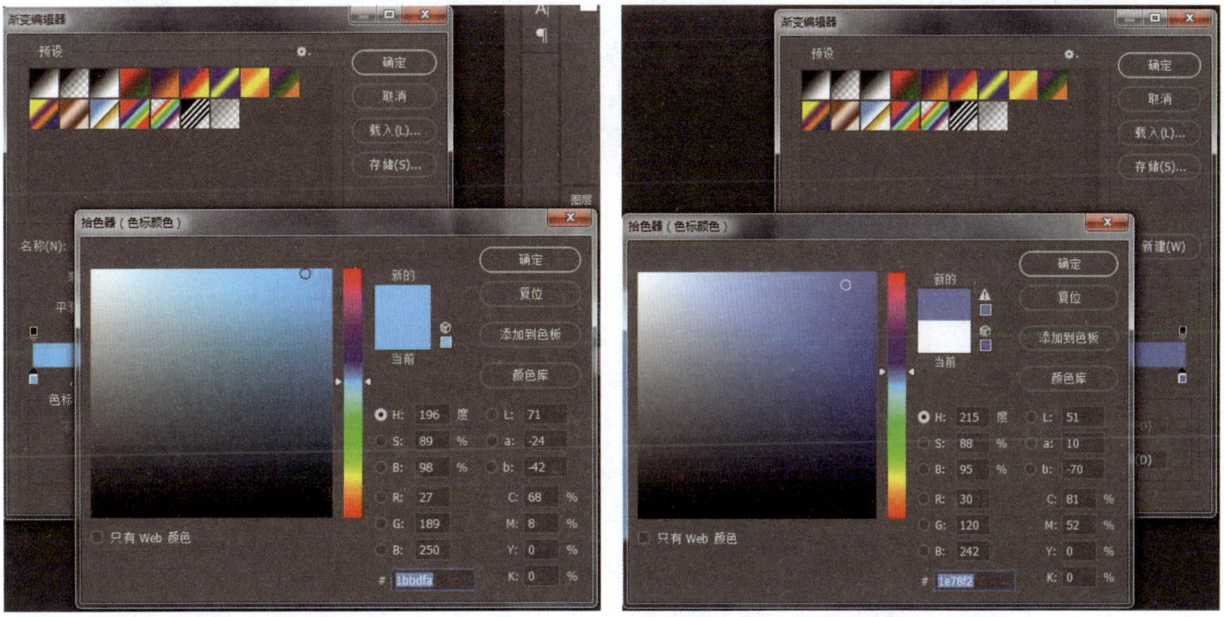

（a）蓝色渐变（lbbdfa）　（b）蓝色渐变（le78f2）

图5-4 设置渐变颜色

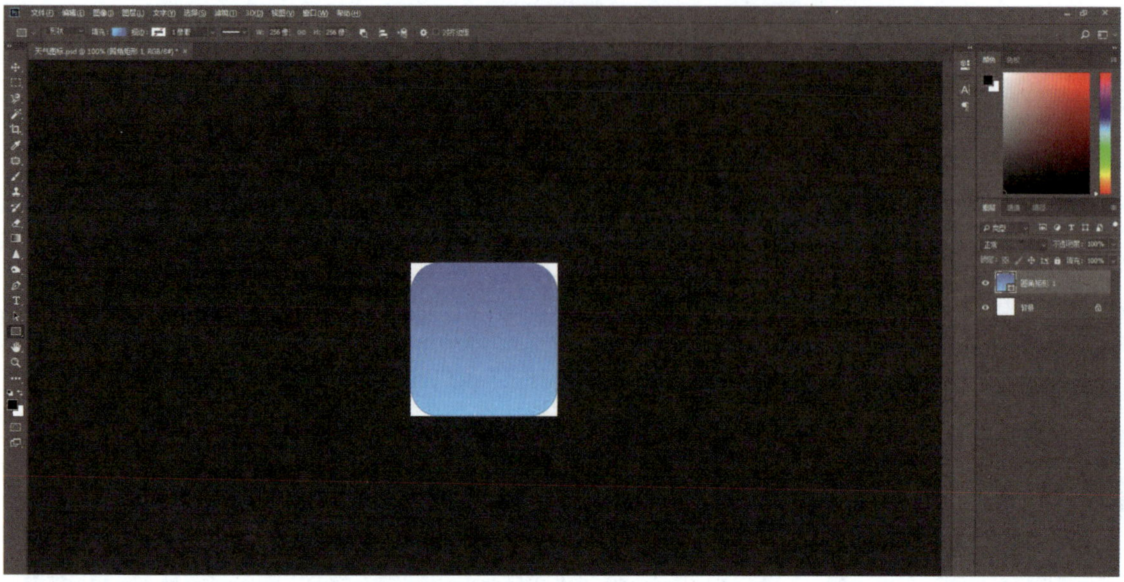

图5-5　填充圆角矩形

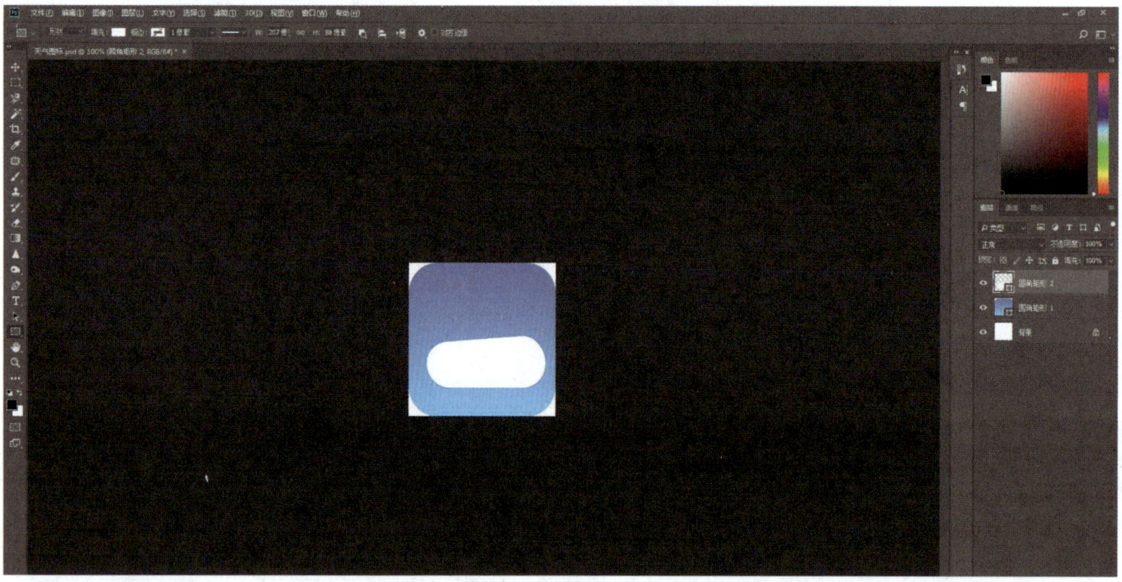

图5-6　绘制圆角矩形

⑤选择工具箱中的“椭圆工具”，在选项栏中选择“形状”按钮，然后在文档中绘制出椭圆形形状，用选择工具箱中的“路径选择工具”将其移动到合适位置，如图5-7所示。

⑥选择圆角矩形形状和椭圆形状所在图层，按【Ctrl+G】编组，命名为“云朵”，在“图层”面板上将“云朵”组的不透明度调整为75%，如图5-8所示。

⑦选择工具箱中的“椭圆工具”，在选项栏中选择“形状”按钮，按住【Shift】键辅助绘制出正圆形形状，填充颜色设置为（ffcd01），如图5-9所示，命名为“太阳”；调整图层顺序，用选择工具箱中的“移动工具”将其移动到合适位置，如图5-10所示。

⑧隐藏背景图层，单击“文件”→“存储”命令保存文件，最终效果如图5-11所示。

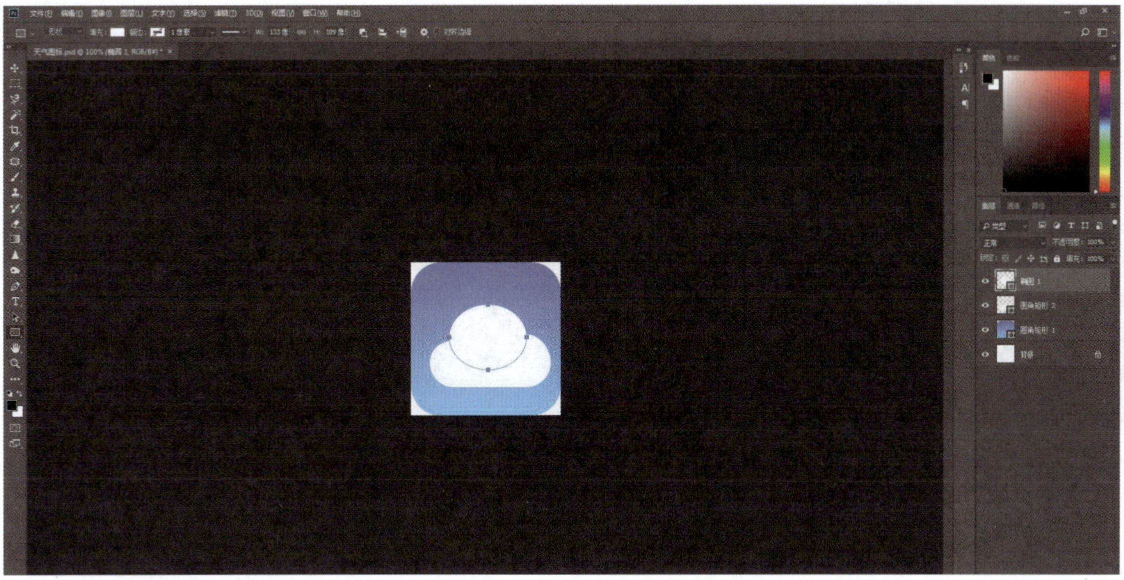

图5-7　绘制椭圆形形状

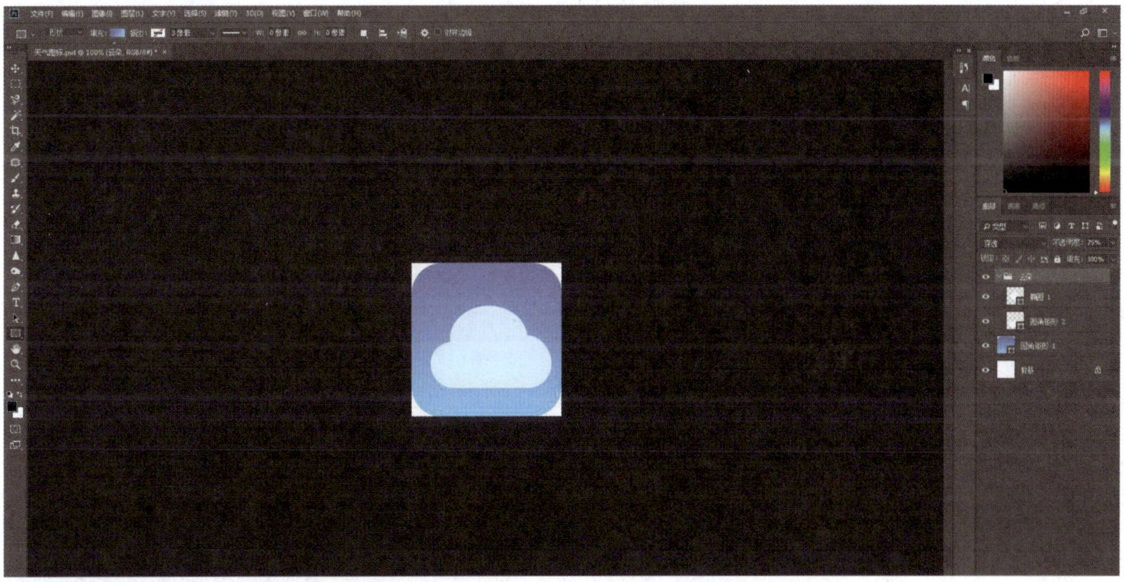

图5-8　图层编组

图5-9　设置填充颜色

图5-10　移动图层到合适位置

图5-11　天气图标最终效果图

任务二　天气类APP界面设计

任务描述

本任务是设计一个天气类APP界面，仍以蓝色为主色调，以沙漠和太阳突出天气特点，彰显主题，效果如图5-12所示。

任务解析

1. 启动Photoshop图像处理软件，填充背景颜色。
2. 使用钢笔工具和形状工具绘制路径和形状。
3. 使用渐变工具填充选区。
4. 添加其他相关素材。

任务实现

①启动Photoshop图像处理软件，单击“文件”→“新建”命令，新建一个文件名为“天气类APP界面设计”，“宽度”为750像素，“高度”为1100像素，“颜色模式”为RGB颜色，“分辨率”为72像素/英寸的文件，如图5-13所示。

图5-12　天气类APP界面设计效果图

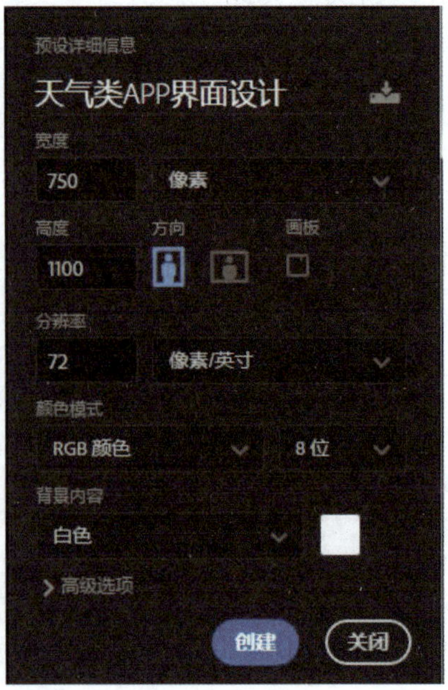

图5-13　“新建”对话框

②在图层面板下方单击“新建图层”按钮，新建图层，选择工具箱中的“钢笔工具”，在选项栏中选择“路径”按钮，绘制路径，如图5-14所示。

③打开“路径”面板，点击面板右下角的“将路径作为选区载入”按钮（或按Ctrl+Enter键），将路径转化为选区，如图5-15所示。

④选择工具箱中的“渐变工具”，设置渐变颜色由（b37a5d）至（ebc27f）。用渐变工具填充选区，绘制第一片沙漠，如图5-16所示。

⑤在图层面板下方单击“新建图层”按钮，新建图层，用“钢笔工具”和“渐变工具”重复上述步骤，绘制三片沙漠（第二片、第三片、第四片沙漠），如图5-17至图5-19所示。

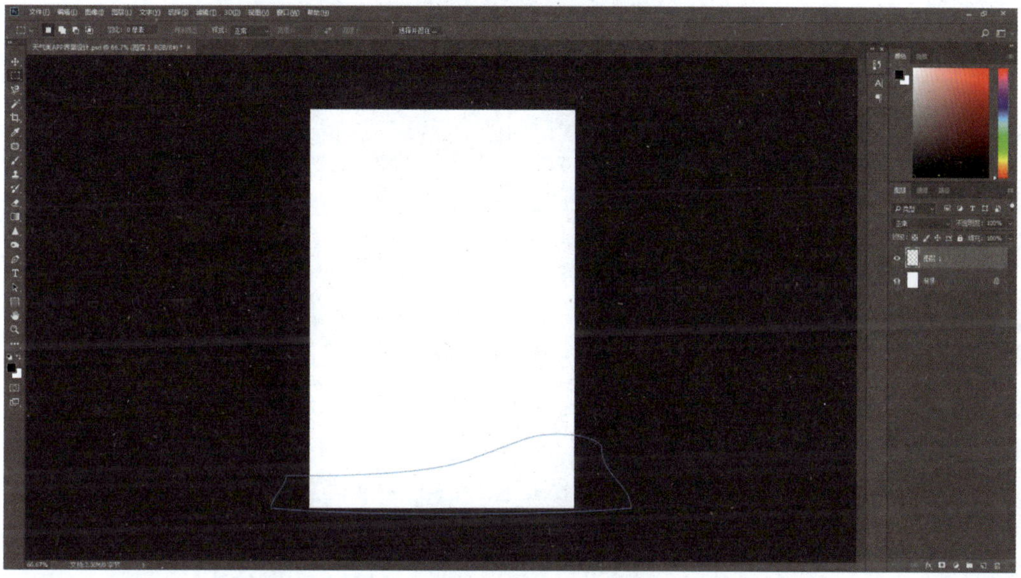

图5-14　绘制路径

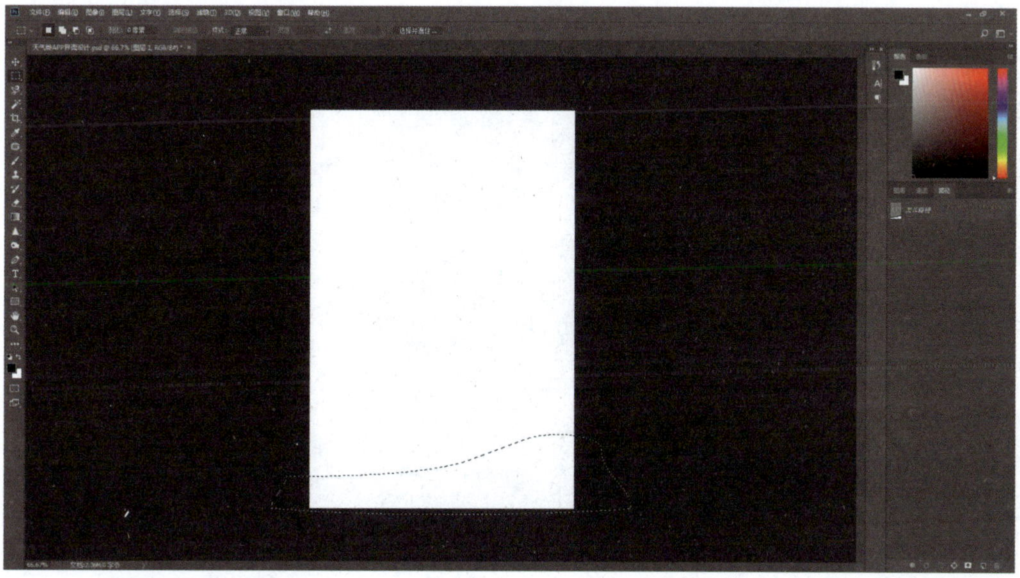

图5-15　路径转化为选区

图5-16　第一片沙漠的绘制

图5-17　第二片沙漠的绘制

图5-18　第三片沙漠的绘制

图5-19 第四片沙漠的绘制

图5-20 图层编组

⑥调整图层顺序，选中绘制好的四片沙漠图层，按【Ctrl+G】组合键编组，命名为“沙漠”，如图5-20所示。

⑦打开素材项目五（5.1）.psd，将背景和其他素材移到至“天气类APP界面设计”选项卡，单击“文件”→“存储”命令保存文件，最终效果如图5-21所示。

图5-21 天气类APP界面设计效果图

项目相关知识

一、路径

1. 路径的基础知识

在Photoshop中可以使用路径工具绘制出平滑、复杂的路径。图5-22所示为使用“钢笔”工具绘制出的一条路径，路径上的基本点和线的含义如下。

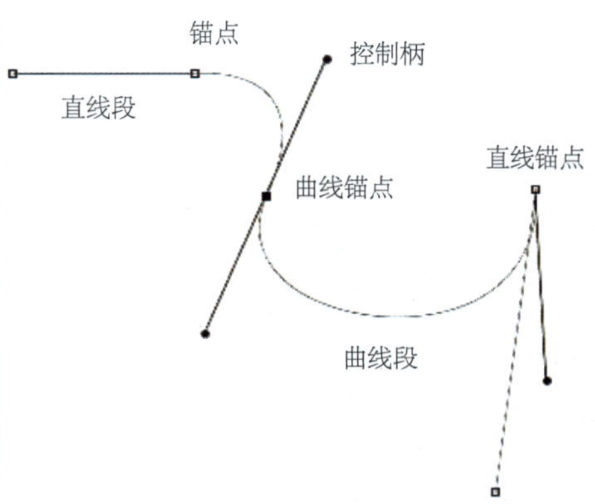

图5-22 路径

- 锚点：由“钢笔”工具创建，是一条路径中两条线段的交点，路径是由锚点组成的。
- 曲线锚点：曲线锚点是带有两个独立控制柄的锚点，曲线锚点是两条曲线段之间的连接点。
- 控制柄：拖动控制柄可以改变曲线的弧度。
- 直线锚点：直线锚点是一条直线段与一条曲线段的连接点。按住【Alt】键单击刚建立的锚点，可以将锚点转换为带有一个独立控制柄的直线锚点。
- 直线段：用“钢笔”工具在图像中单击两个不同的位置，可以在两点之间创建一条直线段。
- 曲线段：拖动曲线锚点可以创建一条曲线段。

2. 路径面板

单击“窗口”→“路径”命令，弹出“路径”面板，如图5-23所示。

“路径”面板底部的6个按钮，它们的含义分别如下：

- “用前景色填充路径”按钮：单击该按钮，可以用前景色填充当前路径。
- “用画笔描边路径”按钮：单击该按钮，可以用前景色为当前路径描边。
- “将路径作为选区载入”按钮：单击该按钮，可以将当前路径转换为选区。
- “从选区生成工作路径”按钮：单击该按钮，可以将图像中的选区转换为路径。
- “创建新路径”按钮：单击该按钮，可以新建一个路径图层。
- “删除当前路径”按钮：单击该按钮，可以将当前选中的路径图层中的路径删除。

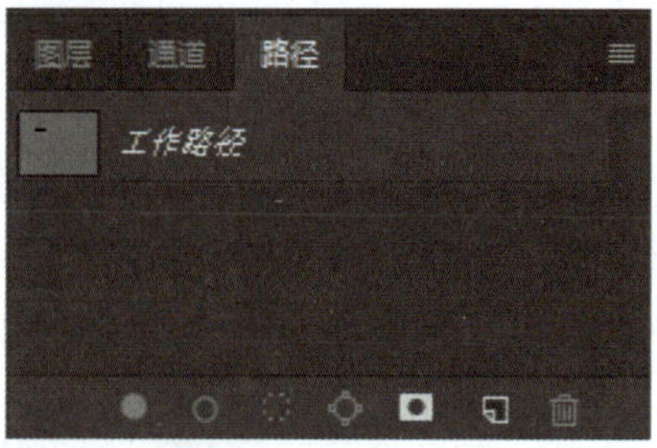

图5-23 路径面板

二、路径的创建与编辑

在Photoshop中绘制路径的一般步骤为：使用“钢笔”工具、“自由钢笔”工具或“弯度钢笔”工具绘制好初始路径，然后使用“添加锚点”工具、“删除锚点”工具、“转换点”工具调整路径，从而得到最终所需的路径。

1. 钢笔工具

“钢笔”工具主要用于绘制路径，使用它可以绘制出平滑、复杂的路径。启用“钢笔”工具，单击工具箱中的“钢笔”工具，或按【Shift+P】组合键。启用“钢笔”工具，其选项栏如图5-24所示。

在使用“钢笔”工具创建路径时，按住【Shift】键，可以以45°或45°的倍数绘制路径；按住【Alt】键，可以将“钢笔”工具暂时转换为“转换点”工具；按住【Ctrl】键，可以将“钢笔”工具暂时转换为“直接选择”工具。

2. 自由钢笔工具

使用“自由钢笔”工具，可以沿图像边缘生成路径。启用“自由钢笔”工具，单击工具箱中的“自由钢笔”工具，或按【Shift+P】组合键。

“自由钢笔”工具，其选项栏栏如图5-25所示。该选项栏比“钢笔”工具选项栏多了一个“磁性的”复选框，选中该复选框，可以自动沿图像边缘生成路径。它的用法与“磁性套索”工具相似。

3. 弯度钢笔工具

弯度钢笔工具是Photoshop CC的新增功能，它可以像钢笔工具一样用于绘制各种曲线路径，其特点是可以更方便地编辑曲线路径。启用“弯度钢笔”工具，单击工具箱中的“弯度钢笔”工具，或按【Shift+P】组合键。

“弯度钢笔”工具，其选项栏如图5-26所示。该选项栏比“钢笔”工具选项栏少了一个“自动添加/删除”的复选框。

“弯度钢笔”工具在添加锚点、删除锚点等基础操作上，与“钢笔”工具基本相同，但在绘制直线路径时，除第一个锚点外，需要执行双击操作才可以绘制直线路径；绘制曲线时，至少要单击3次以在不同的位置创建3个锚点，才能形成一条曲线，如图5-27所示。

图5-24　钢笔工具选项栏

图5-25　自由钢笔工具选项栏

图5-26　弯度钢笔工具选项栏

对已存在的锚点，可以在使用弯度钢笔工具时，将光标置于锚点上并按住鼠标左键拖动，即可改变曲线的形态。若要将当前的曲线锚点转换为尖角锚点，可以使用弯度钢笔工具在锚点上双击，如图5-28所示是转换中间一个锚点后的效果。

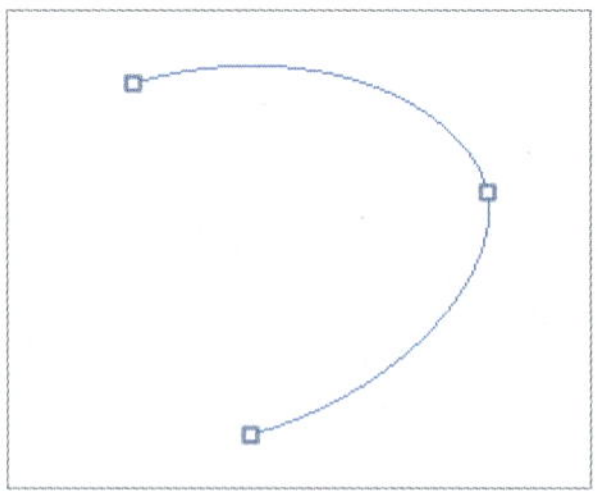

图5-27　弯度钢笔工具的使用

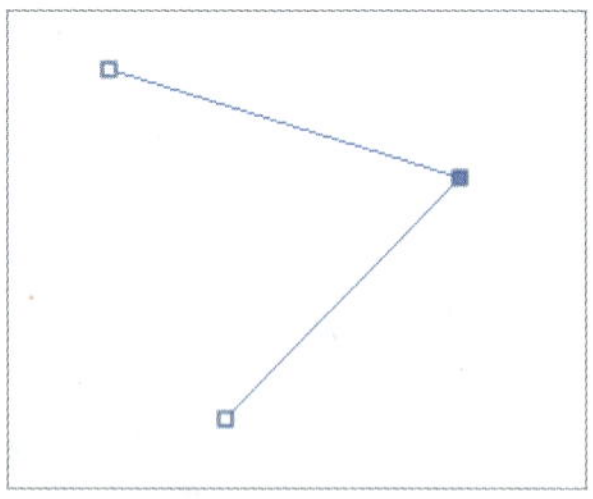

图5-28　改变曲线形态

4. 添加锚点工具

使用“添加锚点”工具可以在路径上添加新的锚点，每单击一次就添加一个新锚点。在工具箱中按住“钢笔”工具不放，弹出其中隐藏的所有工具，将鼠标指针移至“添加锚点”工具上，即可启用“添加锚点”工具。

使用“钢笔”工具，在图像中绘制一条路径。选择“添加锚点”工具，将鼠标指针移至路径上没有锚点的区域，鼠标指针变为的形状，此时单击即可添加一个锚点，如图5-29所示。

5. 删除锚点工具

使用“删除锚点”工具可以删除路径上已经存在的锚点。每单击一次可删除一个锚点。在工具箱中按住“钢笔”工具不放，弹出其中隐藏的所有工具，将鼠标指针移至“删除锚点”工具上，即可启用“删除锚点”工具。

使用“钢笔”工具，在图像中绘制一条路径，选择“删除锚点”工具，将鼠标指针移至路径上的锚点处，鼠标指针变成的形状，此时单击即可删除该处的锚点，效果如图5-30所示。

6. 转换点工具

利用“转换点”工具，通过调整锚点的位置、调整锚点上的控制柄可以改变线段的弧度，从而改变路径形状，得到所需的路径效果。

在工具箱中按住“钢笔”工具不放，弹出其中隐藏的所有工具，将鼠标指针移至“转换点”工具上，即可启用“转换点”工具。

“转换点”工具的使用方法：

①使用“钢笔”工具，绘制路径，如图5-31所示。

②选择“转换点”工具，将鼠标指针移至最底部的锚点上，鼠标指针变为 的形状，拖动鼠标调整路径的弧度，如图5-32所示。

③用同样的方法调整其他锚点，得到如图5-33所示的路径效果。

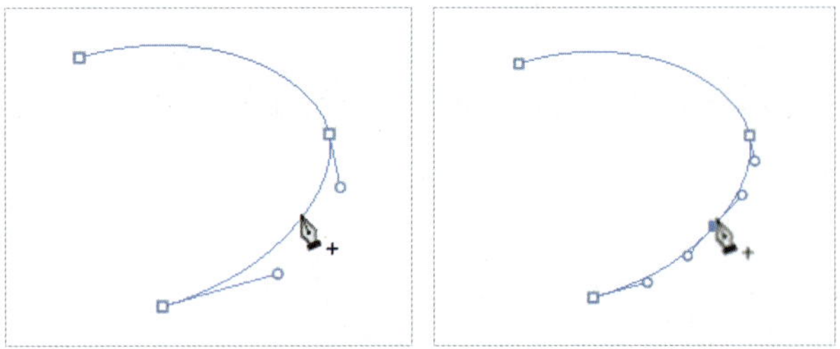

图5-29　添加锚点工具的使用

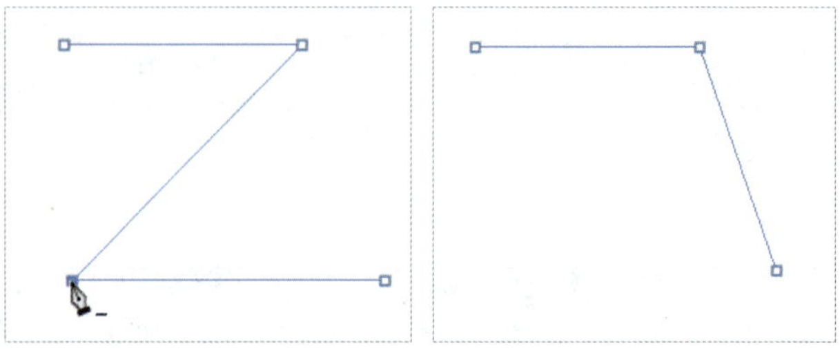

图5-30　删除锚点工具的使用

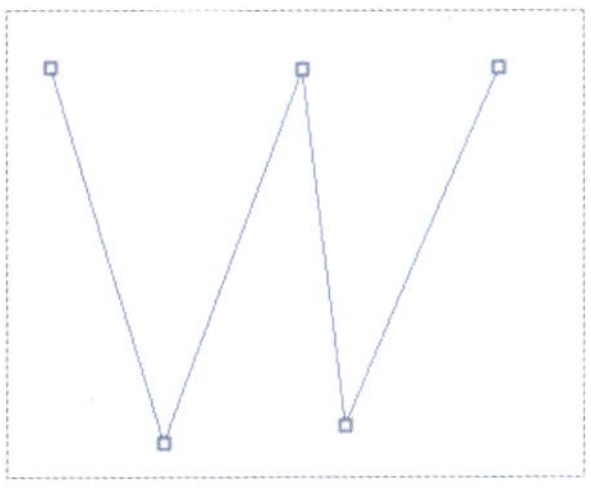

图5-31　钢笔工具绘制路径

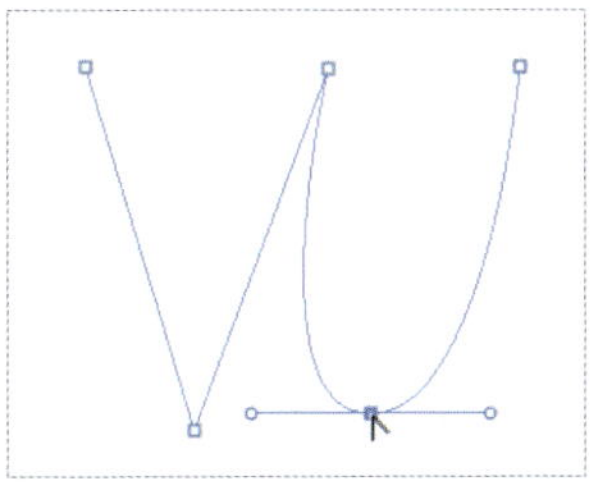

图5-32　转换点工具的使用

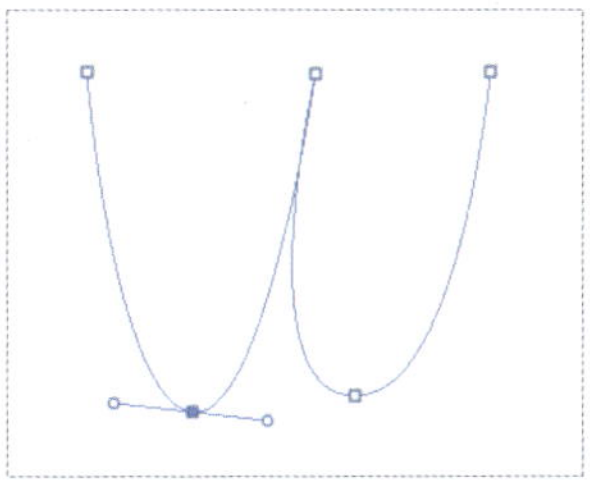

图5-33　转换点工具使用后效果

在使用“转换点”工具选中某个锚点时，锚点两端显示出两个控制柄，按住【Shift】键，拖动锚点，可以使其控制柄以45°或45°的倍数进行改变；按住【Alt】键，拖动控制柄，可以改变两个控制柄中的任意一个，而不影响另一个的位置。

三、路径的选择与变换

1. 路径选择工具

使用“路径选择”工具可以选择一条或几条路径，并对其进行移动、组合、对齐、分布和变形等操作。使用“路径选择”工具，有以下两种方法：单击工具箱中的“路径选择”工具，或按【Shift+A】组合键，其选项栏如图5-34所示。

“路径选择”工具的使用方法：

使用“钢笔”工具绘制一条路径，如图5-35所示。使用“椭圆”工具，在“椭圆”工具属性栏当中的“形状”下拉菜单中选择“路径”，在路径上方绘制一个圆形路径，使这两个路径有重叠的区域，如图5-36所示。使用“路径选择”工具，将这两个路径同时选中，然后单击选项栏中的“路径操作”按钮，在下拉菜单中选择“合并形状组件”，将两个路径组合为一条路径，效果如图5-37所示。

2. 直接选择工具

使用“直接选择”工具可以移动路径中的锚点或线段，还可以调整控制柄的位置。

单击“直接选择”工具，单击工具箱中的“直接选择”工具，或按【Shift+A】组合键。

“直接选择”工具的使用方法：

使用“椭圆”工具，绘制一个椭圆路径，如图5-38所示。选择“直接选择”工具，将鼠标指针

图5-34　路径选择工具选项栏

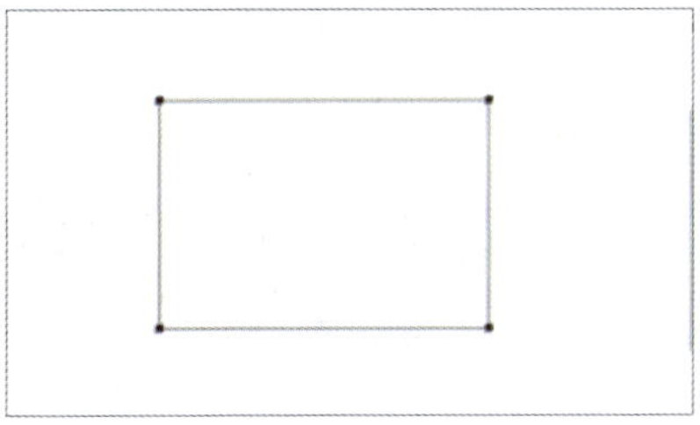

图5-35　使用“钢笔”工具绘制路径

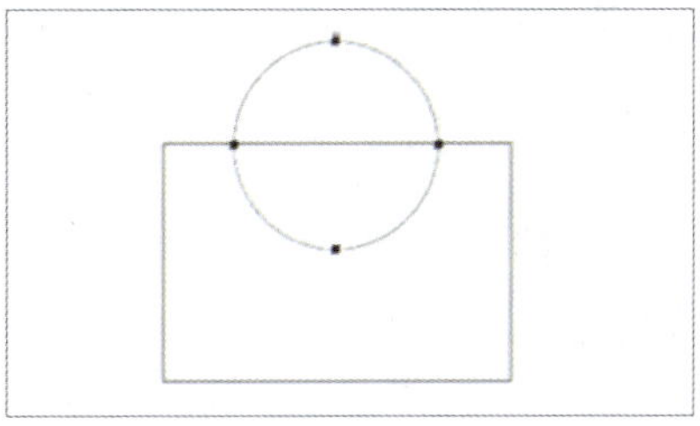

图5-36　使用“椭圆”工具绘制路径

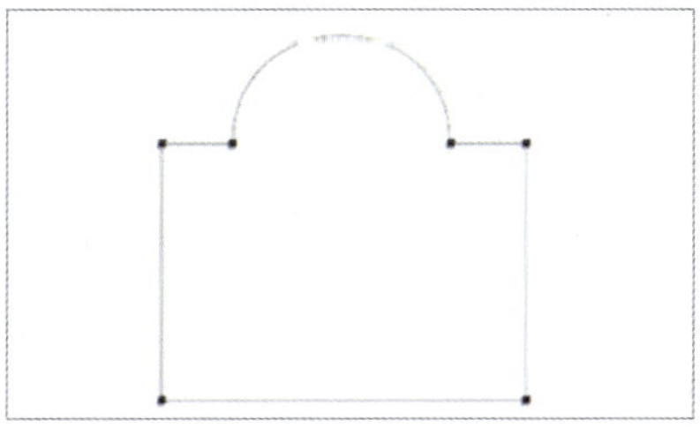

图5-37　合并形状组件

移至选中的锚点上，将要调整的锚点选住，出现控制柄，如图5-39所示。向上拖动鼠标，即可调整该锚点的位置，如图5-40所示。

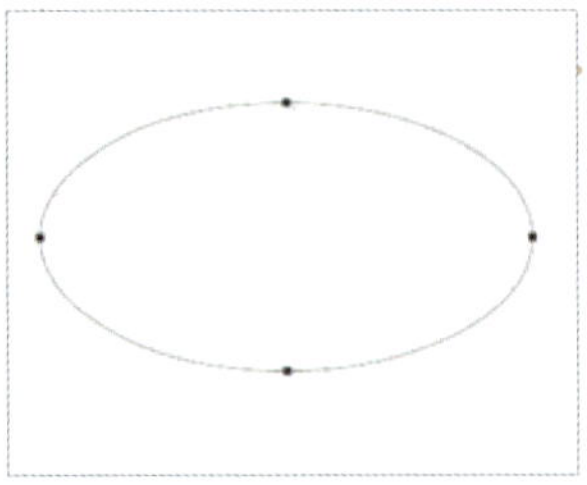
图5-38　绘制椭圆路径

图5-39　出现控制柄

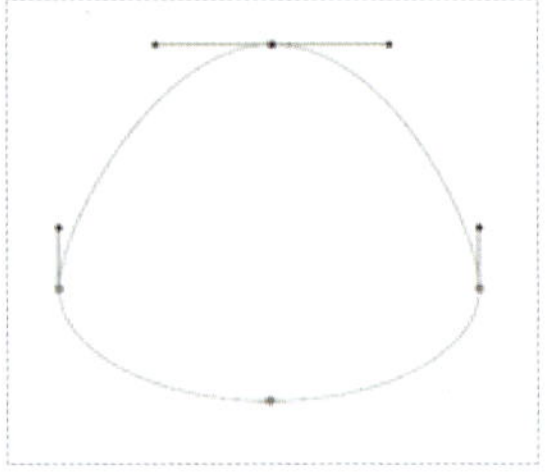
图5-40　调整锚点

四、创建路径形状

Photoshop中可以预设图形形状，也可以使用相应的工具绘制出需要的图形或路径。

1. 矩形工具

使用“矩形工具”可以绘制矩形、正方形图形或者路径。选择工具箱中的“矩形工具”（或按Shift+U组合键），其选项栏如图5-41所示。

“矩形工具”选项栏主要选项含义如下：

- “形状”按钮：有三个选项形状、路径、像素，分别用于创建填充图形、创建矩形路径和填充像素。

选择“矩形”工具，在选项栏中单击“形状图层”按钮，在图像窗口中绘制一个矩形，图像效果及其“图层”面板如图5-42所示。按住【Shift】键的同时在窗口中按住鼠标左键拖动，可绘制正方形的矩形。

若选择“矩形工具”，在选项栏中单击“路径”按钮，在图像窗口中绘制一个矩形，将生成一个矩形路径，“图层”面板中不生成新图层，所绘制路径将显示在“路径”面板当中，如图5-43所示；若选择“矩形”工具，在选项栏中单击“填充像素”按钮，在图像窗口中绘制一个矩形，将在当前图层中生成一个矩形图形，“图层”面板中不生成新图层，如图5-44所示。

图5-41　矩形工具选项栏

图5-42　绘制矩形

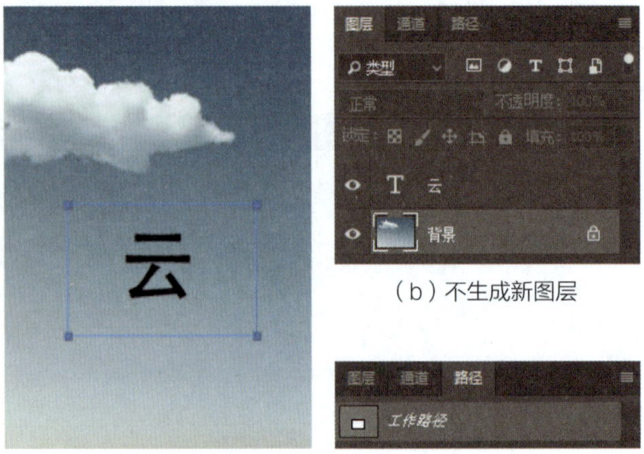

（a）绘制矩形路径
（b）不生成新图层
（c）路径面板中显示
图5-43　绘制路径

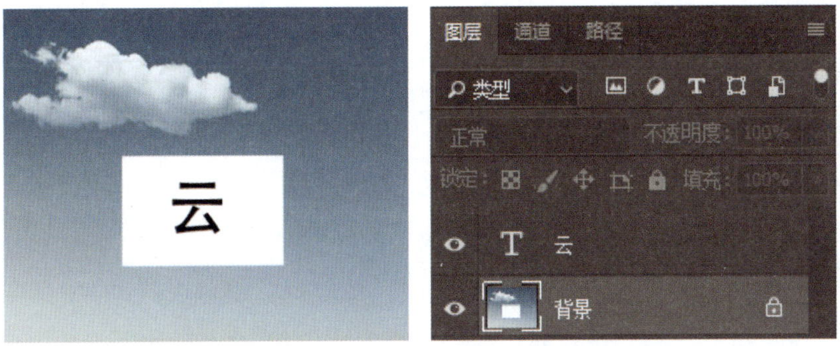

（a）填充为像素　　（b）不生成新图层

图5-44　填充像素

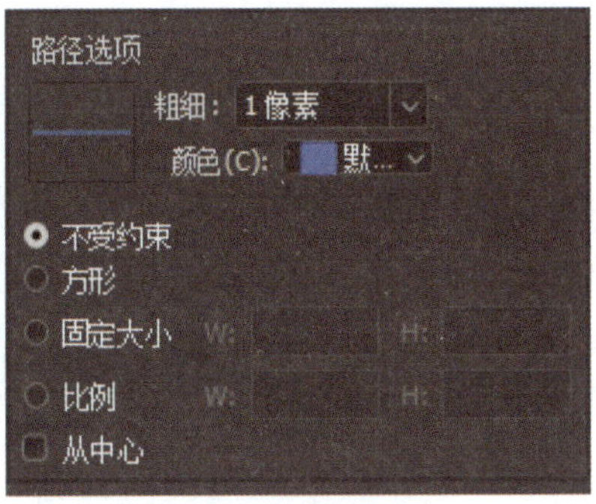

图5-45　“路径选项”面板

- “填充”选项：在绘制图形的时候，可以选择不同的填充颜色，也可以关闭填充，只绘制图形边缘。
- “描边”选项：默认为关闭状态，绘制出的图形只有填充色，没有边缘色，开启后绘制图形，会出现边缘颜色，可以在启动该选项后设置边缘颜色；还可以通过点击“设置形状描边类型”选择描边的外形。
- 矩形工具属性栏按钮：单击该按钮，弹出“路径选项”面板，如图5-45所示。在其中可以控制“矩形”工具所绘制的图形区域，“不受限制”指绘制任意大小和比例的矩形；“方形”可以绘制正方形；“固定大小”在“W：”和“H：”输入宽度和高度值后绘制出固定值的矩形；“比例”在“W：”和“H：”输入数值后，可绘制固定宽和高额比例的矩形；“从中心”指绘制矩形起点为矩形的中心。
- “对齐边缘”复选框：可以使矩形边缘自动与像素边缘重合。

2. 圆角矩形工具

使用“圆角矩形工具”可以绘制具有平滑边缘的矩形图形或矩形路径。单击工具箱中的“圆角矩形工具”（或按Shift+U组合键），其选项栏如图5-46所示。与“矩形工具”的选项栏类似，此处的“半径”选项用于设置圆角矩形的平滑程度，半径越大，矩形的棱角越平滑。

图5-47所示的对比图，分别为使用“矩形工具”和“圆角矩形工具”绘制的图形。

图5-46　圆角矩形工具选项栏

（a）矩形工具　　（b）圆角矩形工具

图5-47　矩形工具和圆角矩形工具的使用

3. 椭圆工具

使用“椭圆工具”可以绘制椭圆形、圆形图形或路径。选择工具箱中的“椭圆工具”（或按Shift+U组合键），其选项栏如图5-48所示，该选项栏与“矩形工具”选项栏类似，绘制效果如图5-49所示。

五、应用路径

使用路径工具绘制出路径后，可以为其填充颜色，为其描边，还可以将其转换为选区。

1. 复制路径

复制路径有以下几种方法：

①按【Ctrl+C】组合键复制当前路径，按【Ctrl+V】组合键粘贴路径。

②在“路径”面板中右击当前工作路径，在弹出的快捷菜单中选择“复制路径”命令即可，如图5-50所示。

③在“路径”面板中将当前选择的路径直接拖到“创建新路径”按钮上，释放鼠标左键即可复制当前的路径。

④按【Alt】键的同时直接使用路径选择工具拖动当前路径，此时鼠标指针变成形状，释放鼠标左键即可复制当前路径。

2. 删除路径

删除路径有以下几种方法：

①选中要删除的路径，按【Delete】键。

②在“路径”面板中右击当前工作路径，在弹出的快捷菜单中选择“删除路径”命令，如图5-51所示。

图5-48 椭圆工具选项栏

图5-49 椭圆工具绘制圆形

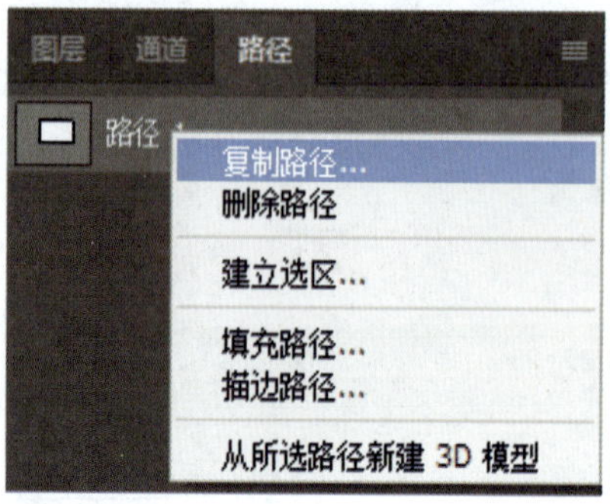

图5-50 复制路径

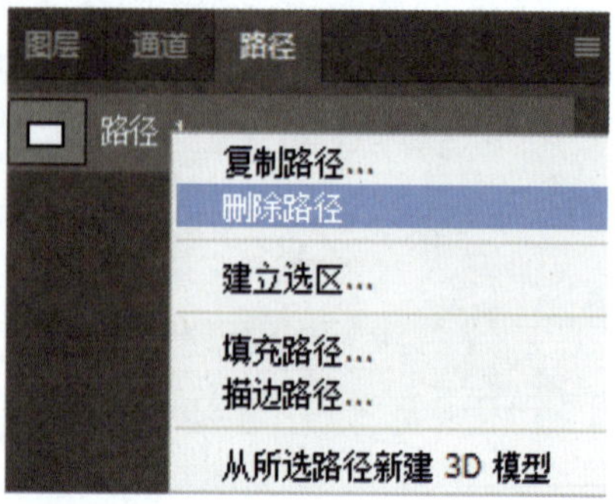

图5-51 删除路径

③在“路径”面板中将当前选择的路径直接拖动到“删除当前路径”按钮上，释放鼠标左键即可。

3. 路径与选区的转换

在Photoshop中可以将路径与选区相互转化，下面分别进行介绍。

将路径转化为选区主要有以下几种方法：

①单击“路径”面板下方的“将路径作为选区载入”按钮，可以将路径转化为选区。

②右击图像中的路径，从弹出的快捷菜单中选择“建立选区”命令，弹出如图5-52所示的“建立选区”对话框，设置完成后，单击“确定”按钮，即可将路径转换成选区。在图像中创建路径后，按【Ctrl+Enter】组合键，可以将路径转化为选区。

将选区转化成路径的方法有以下几种：

①单击“路径”面板下方的“从选区生成工作路径”按钮，可以将选区转化为路径。

②单击“路径”面板右上角的按钮，在弹出的下拉菜单中选择“建立工作路径”命令，弹出“建立工作路径”对话框，如图5-53所示。在该对话框中，“容差”用于设置转化时的误差允许范围，数值越小越精确，路径上的锚点也越多。设置完成后，单击“确定”按钮，即可将选区转化为路径。

4. 填充路径

在Photoshop中，路径与选区相似，可以给路径填充纯色、图案等，填充路径的方法有以下几种：

①选中要填充的路径，单击“路径”面板下方的“用前景色填充路径”按钮，即可为路径填充前景色。

②选中要填充的路径，按住【Alt】键的同时，单击“路径”面板下方的“用前景色填充路径”按钮，弹出“填充路径”对话框，如图5-54所示。在“使用”下拉列表框中选择使用颜色还是图案进行填充，“模式”用于设置混合模式，“不透明度”用于设置填充不透明度，“保留透明区域”用于保护图像中的透明区域，“羽化半径”用于设置柔化边缘的数值。

图5-52　建立选区

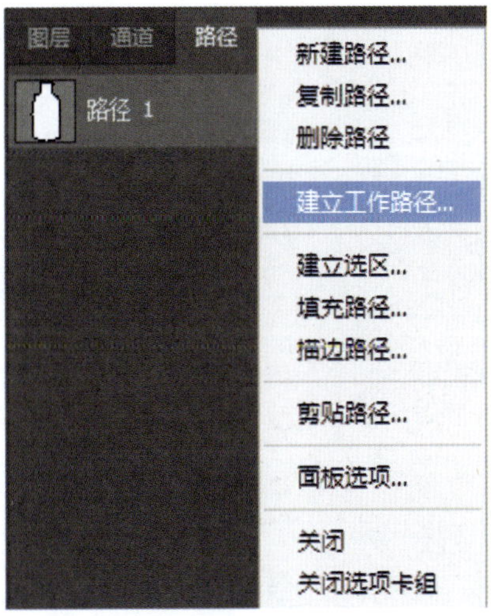

图5-53　建立工作路径

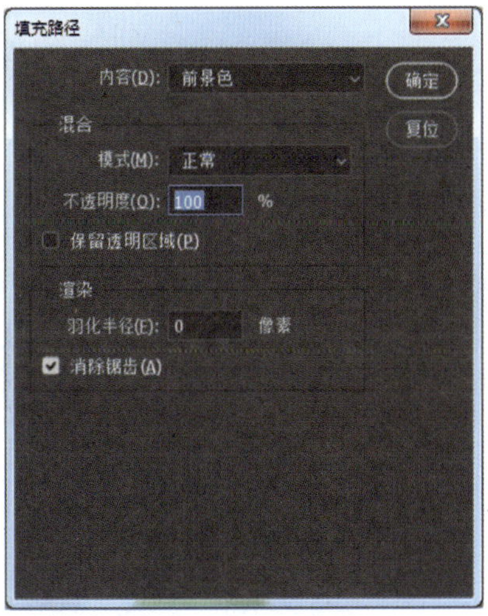

图5-54　“填充路径”对话框

5. 描边路径

为路径描边的方法有以下几种：

①选中要描边的路径，单击“路径”面板下方的“用画笔描边路径”按钮，即可用画笔在路径边缘描绘出前景色。

②选中要描边的路径，按住【Alt】键的同时，单击“路径”面板下方的“用画笔描边路径”按钮，弹出“描边路径”对话框，如图5-55所示，在其中可以选择使用哪种工具为路径描边。

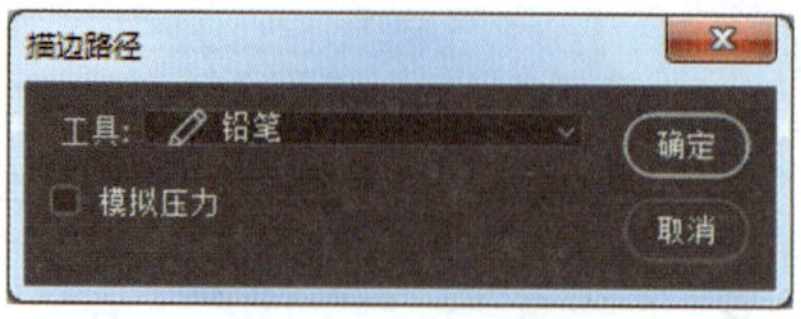

图5-55 “描边路径”对话框

项目小结

本项目中讲述了路径的使用，路径是抠图的重要工具，常用于抠取图层中精细且不规则图像。Photoshop中的路径由直线和曲线组合而成，锚点则是这些线段或曲线的端点，要想绘制出好的路径，对锚点的控制非常重要。通过本项目的学习，应重点掌握以下内容：

1. 在学习使用钢笔工具绘制路径后，务必加以练习，熟能生巧。
2. 在学习编辑路径时，需重点掌握路径的锚点控制。

项目拓展

1. 设计制作一个阅读类APP图标。
2. 设计制作一张阅读类APP界面引导页。

项目

06

文字的编辑

项目提要

在Photoshop中进行设计创作时，除了可以绘制色彩缤纷的图像外，还可以创建具有各种效果的文字。文字不仅可以帮助大家较快了解作品所呈现的主题，有时在整个作品中也可以充当非常重要的角色。在广告、海报、网页设计等平面设计作品中，好的文字布局和设计能起到画龙点睛的作用。因此，掌握文字的相关编辑，可以在设计工作中创作出更优秀的作品。

学习目标

1. Photoshop中的文本创建。
2. 文字的修改。
3. 文字的转换。

任务一　制作杂志封面

任务描述

本任务是设计一张时尚杂志封面，以灰色为主色调，以文字的字体变化、颜色对比、间距变换和大小粗细表现内容的层次，效果如图6-1所示。

任务解析

1. 创建文件，调出参考线，留出出血范围，添加主图素材。

2. 创建点文本文字，“添加图层蒙版”命令隐藏多余图像，并添加投影。

3. 使用文字工具创建文本。

4. 使用字符面板对文本进行调整。

图6-1　杂志封面效果图

任务实现

①启动photoshop图像处理软件，单击“文件”→“新建”命令，新建一个文件名为“杂志封面”，“宽度”为216毫米，“高度”为291毫米，“颜色模式”为CMYK颜色，“分辨率”为300像素/英寸的文件，如图6-2所示。

②单击“视图”→“标尺”（或按Ctrl+R组合键）命令打开标尺，配合【Shift】键在视图四周拉出3毫米的出血线，如图6-3所示。再次按下快捷键【Ctrl+R】，将标尺隐藏。

③打开素材项目六（6.1）.jpg，选择移动工具，将该素材文件移动至“杂志封面”选项卡，移动到合适的位置，如图6-4所示。

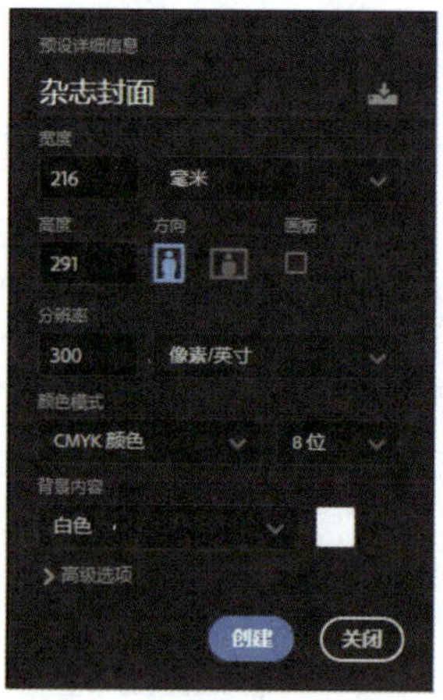

图6-2 “新建”对话框

图6-3 添加出血线

图6-4 添加素材

④选择工具箱中的“横排文字工具”，在文档中右上角单击创建点文本，输入大写字母“W”，设置颜色为红色（ff0000），单击“切换字符和段落面板”，在字符面板中设置文本格式：字体为宋体，大小为300点，垂直缩放为150%，水平缩放为200%，仿斜体。选择移动工具，将字母“W”移动到合适位置，如图6-5所示。

⑤在图层面板下方单击“添加图层蒙版”，为字母“W”图层添加图层蒙版，前景色调整为黑色（000000），使用“画笔工具”将字母“W”与人物重合的部分区域隐藏，如图6-6所示。

⑥在图层面板下方单击“添加图层样式”，为字母“W”图层添加“投影”效果，设置不透明度为20%，角度为160°，距离为20像素，扩展为10%，大小为40像素，效果如图6-7所示。

图6-5　添加文字

图6-6　添加图层蒙版

⑦选择工具箱中的“横排文字工具”，在文档的左上角单击创建点文本，设置颜色为白色（ffffff），然后单击“切换字符和段落面板”，在字符面板中设置文本格式。文字内容和格式分别为：“ALL THAT GLITTERS”，字体为Baskerville Old Face，大小为48点，行距为48点，字符间距为-50；“Fabulous Jewelry To Give”，字体为等线，大小为36点，行距为30点，字符间距为-50；“And Get”，字体为等线，大小为24点，仿斜体，行距为30点，字符间距为-50。对齐方式为“左对齐文本”，效果如图6-8所示。

⑧选择工具箱中的“横排文字工具”，在文件的右下角单击创建点文本，设置颜色为褐色（403634），然后单击“切换字符和段落面板”，在字符面板中设置文本格式。文字内容和格式分别为：“HANDS-ON FASHION”，字体为Baskerville Old Face，大小为48点，行距为48点，字符间距

图6-7 添加图层样式

图6-8 输入文字 1

为-50；“SLEEK SPORTSWEAR COZY KNITS GRAPHIC BAGS ROMANTIC DRESSES”，字体为等线，大小为24点，行距为30点，字符间距为-50。对齐方式为“右对齐文本”，效果如图6-9所示。

⑨选择工具箱中的“横排文字工具”，在文件的左下角单击创建点文本，输入文字“BEST HOLIDAY LOOKS”，设置颜色为红色（ff0000），然后单击“切换字符和段落面板”，在字符面板中设置文本格式，字体为Baskerville Old Face，大小为90点，行距为80点，字符间距为25，水平缩放90%，对齐方式为“左对齐文本”，效果如图6-10所示。

⑩选中“BEST HOLIDAY LOOKS”文字图层，右击选择“复制图层”（或按Ctrl+J组合键），将位于下方的文字图层的文本颜色改为白色（ffffff），使用“移动工具”向右移动，显示白边，效果如图6-11所示。

图6-9 输入文字 2

图6-10 输入文字 3

图6-11　复制图层

图6-12　输入文字 4

⑪选择工具箱中的“横排文字工具”，在文档的左边单击创建点文本，设置颜色为白色（ffffff），然后单击“切换字符和段落面板”，在字符面板中设置文本格式。文字内容和格式分别为：“CHIN UP!”，字体为Baskerville Old Face，大小为48点，行距为24点，字符间距为-50；“THE SEARCH FOR THE PERFECT NECK MARION COTILLARD RED-HOT Superstar”，字体为等线，大小为36点，行距为30点，字符间距为-50。对齐方式为“左对齐文本”，效果如图6-12所示。

⑫单击“文件”→“存储”命令保存文件，最终效果如图6-13所示。

图6-13　杂志封面最终效果图

任务二　制作人物字符排版内页

任务描述

本任务是设计一张人物字符排版内页，以黑、白为主色调，采用对文字特殊的排版方式，突出主题，效果如图6-14所示。

图6-14　人物字符排版内页效果图

任务解析

1. 启动Photoshop图像处理软件，打开素材图片，用移动工具移动和选取素材。
2. 使用“钢笔工具”或“形状工具”沿人物轮廓绘制路径。
3. 创建路径文字进行文字排版。
4. 保存文件。

任务实现

①启动Photoshop图像处理软件，单击“文件”→“新建”命令，新建一个文件名为“人物字符排版内页”，“宽度”为658像素，“高度”为853像素，“颜色模式”为CMYK颜色，“分辨率”为300像素/英寸的文件，如图6-15所示。

②打开素材项目六（6.2）.jpg，如图6-16所示。运用钢笔工具或形状工具沿人物轮廓绘制路径，如图6-17所示。

③选择工具箱中的“横排文字工具” T，光标置于路径内部，单击创建路径文字文本框，如图6-18所示。

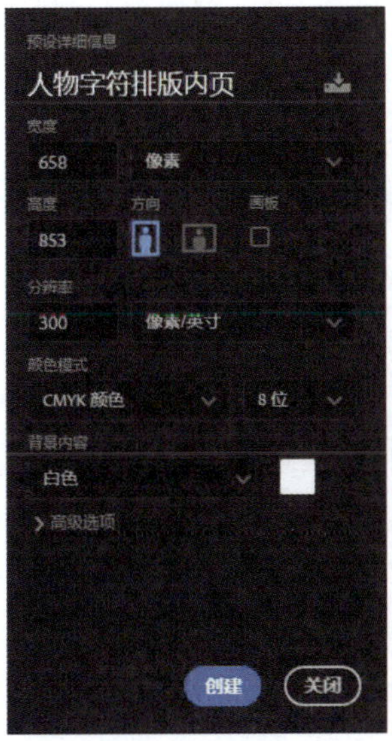

图6-15　“新建”对话框

图6-16　添加素材

图6-17　绘制路径

图6-18　创建路径文字文本框

④设置文字格式为微软雅黑字体、Regular样式、字体大小为2.88点、锐利，颜色为黑色（000000），输入文字，如图6-19所示。

⑤单击“文件”→“存储”命令保存文件，最终效果如图6-20所示。

图6-19　输入文字

图6-20　人物字符排版内页最终效果图

项目相关知识

一、Photoshop中的文本创建

Photoshop中的文字是基于矢量的文字轮廓组成，这些形状描述字样的字母、数字和符号。许多字样可用于一种以上的格式，最常用的格式有Type1（又称PostScript字体）、TrueType和OpenType。

1. 文字工具介绍

在Photoshop中的文字工具包括“横排文字”工具、“直排文字”工具、“直排文字蒙版”工具和“横排文字蒙版”工具。启用文字工具有两种方法：单击工具箱中的某个文字工具，或按【Shift+T】组合键。

“横排文字”工具用于在图像中创建横排文本，“直排文字”工具用于在图像中创建直排文本，“横排文字蒙版”工具用于在图像中创建横排文本的选区，“直排文字蒙板”工具用于在图像中创建直排文本的选区。图6-21所示为使用不同文字工具输入文本的效果。

上面介绍了Photoshop中的4种文字工具，这4种文字工具选项栏设置基本相同，下面以“横排文字”工具为例，介绍文字工具选项栏设置。选择工具箱中的“横排文字”工具，其选项栏如图6-22所示。

● 设置文字排版方向。决定文字以横向排列（即横排）还是以竖向排列（即直排），因此其实选用横排文字工具还是直排文字工具都不是特别重要，因为随时可以通过这个按钮来切换文字排列的方向。使用时文字层不必处在编辑状态，只需要在图层面板中选择即可生效。需要注意的是，即使将文字层处在编辑状态，并且只选择其中一些文字，但该选项还是将改变该层所有文字的方向。也就是说，这个选项不能针对个别字符。

（a）“横排文字”工具　（b）“直排文字”工具　（c）“直排文字蒙版”工具　（d）“横排文字蒙版”工具

图6-21　文字工具

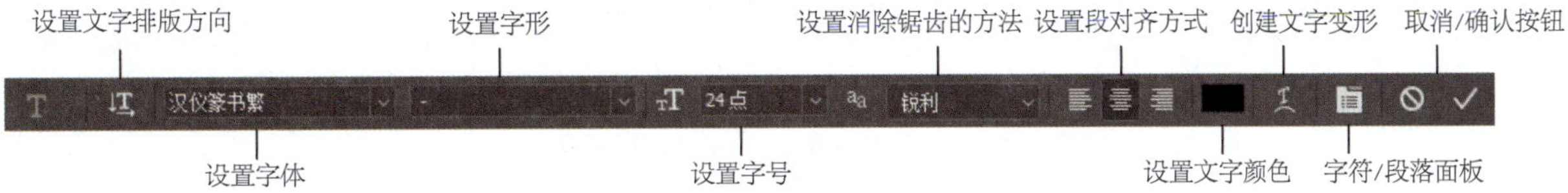

图6-22　横排文字工具选项栏

● 设置字体。在字体选项中可以选择使用何种字体，不同的字体有不同的风格。Photoshop使用操作系统带有的字体，因此对操作系统字库的增减会影响Photoshop能够使用到的字体。需要注意的是，如果选择英文字体，可能无法正确显示中文，因此，输入中文时应使用中文字体。Windows系统默认附带的中文字体有宋体、黑体、楷体等。可以为文字层中的单个字符指定字体，如图6-23所示。

图6-23 为单个字符指定字体

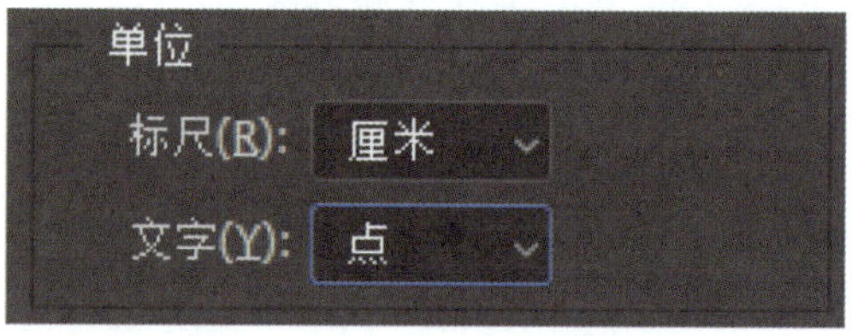

图6-24 “单位与标尺”项目

● 设置字形。字体形式有4种：标准（Regular）、倾斜（Italic）、加粗（Bold）、加粗并倾斜（Bold Italic）。可以为同在一个文字层中的每个字符单独指定字体形式。并不是所有的字体都支持更改形式，大部分中文字体都不支持。不过即便如此，还是可以在以后通过字符面板来指定。

● 设置字号。字体大小也称为字号，列表中有常用的几种字号，也可通过手动自行设定字号。字号的单位有“像素”“点”“毫米”，可在Photoshop首选项的“单位与标尺”项目中更改，如图6-24所示。作为网页设计来说，应该使用像素单位。如果是印刷品的设计，则应该使用传统长度单位。

● 设置消除锯齿的方法。用于设置消除锯齿的方法，其中包括无、锐利、犀利、浑厚和平滑5个选项。“无”就是不应用该项；“锐利”使文字边缘显得最为锐利；“犀利”使文字边缘显得稍微锐利；“平滑”使文字边缘更光滑；“浑厚”显得文字粗重。该选项只能针对文字层整体有效。

● 设置段对齐方式。对齐方向可以让文字左对齐、居中对齐或右对齐，这对于多行的文字内容尤为有用，可以为同一文字层中的不同行指定不同的对齐方式。如果文字方向为直排，对齐方式将变为顶对齐、居中对齐、底对齐。对齐效果如图6-25所示。

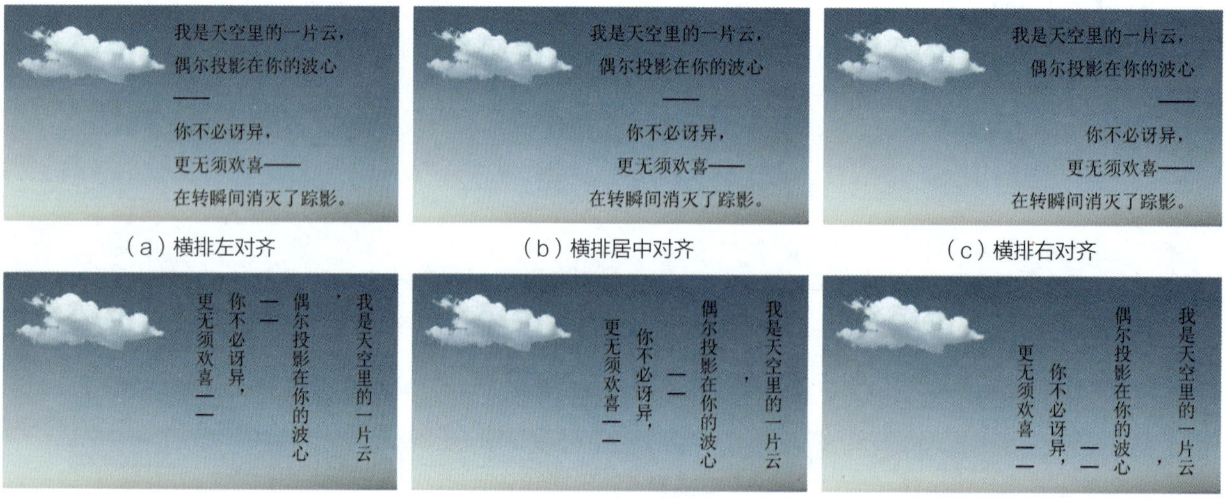

（a）横排左对齐 （b）横排居中对齐 （c）横排右对齐
（d）直排顶对齐 （e）直排居中对齐 （f）直排底对齐

图6-25 对齐效果

● 设置文字颜色。颜色选项就是改变文字的颜色，可以针对单个字符。如果设置了单独字符的颜色，那么当选择文字层时公共栏中的颜色缩览图将显示为?。

在更改文字颜色时，如果通过点击颜色缩览图以拾色器来选取颜色，则效率很低，特别是要更改大量的独立字符时会非常麻烦。在选择文字后通过颜色面板来选取颜色则速度较快。

● 创建文字变形。文字变形功能可以令文字产生变形效果，可以选择变形的样式及设置相应的参数，需要注意的是只能针对整个文字图层而不能单独针对某些文字。如果要制作多种文字变形混合的效果，可以通过将文字分次输入到不同文字层，然后分别设定变形的方法来实现。

● 字符/段落面板：用来打开“字符/段落面板”。

● 取消/确认按钮：取消或确认当前操作。

文字图层是一种特殊的图层，我们不能通过传统的选取工具来选择某些文字（转换为普通图层后可以，也称为栅格化图层，但不能再更改文字内容），而只能在编辑状态下，在文字中拖动鼠标去选择某些字符。并且如果选择多个字符的话，字符之间必须是连续相连的。比如要将“PHOTOSHOP”字样中的字符“P”和字符“S”改为蓝色，由于它们之间不相连，只能先选择并更改“P”，再选择并更改“S”。如果是更改字符“P”和“H”的话，就可以一次拖动选择“PH”，然后统一更改。对于其他的一些选项而言也是一样。

在文字的各个选项中，有一些是不能针对单个字符的，它们分别是排列方向、消除锯齿、对齐、变形。其中除了对齐选项可以针对文字行以外，其余都只能针对整个文字图层。

2. 建立横排与直排文字

由于文字有时被称为文本，因此文字工具有时也被称为文本工具。在工具箱中，用来创建文本的有两种工具：“横排文字工具”和“直排文字工具”。“横排文字工具”和“直排文字工具”的使用方法是相同的，只是一个是横排，一个是直排。

在工具箱中选择“横排文字工具”，使用该工具在图像中单击，文档中将会出现一个闪动光标，输入文字后，Photoshop将自动创建一个缩略图显示为T的图层，输入文本创建横排文字，如图6-26所示。选中创建的文字，单击选项栏中的“切换文本方向”按钮，可切换文字方向为横排或竖排文字，如图6-27所示。

（a）创建文字　（b）输入文本

图6-26　横排文字工具的使用

图6-27　切换文本方向的使用

使用“横排文字工具”在文字上拖动，选中全部文本，如图6-28所示。在选项栏中单击“设置文本颜色”色块，打开“拾色器（文本颜色）”对话框，设置颜色为红色（255，0，0）。移动鼠标到文本以外的图像区域，单击并拖动鼠标，可移动文本位置，如图6-29所示。完成文本的编辑后，需在选项栏中单击“提交所有当前编辑”按钮，如图6-30所示。

图6-28 选中全部文本

图6-29 修改文本颜色及移动文本

图6-30 完成文本编辑

图6-31 创建文字选区

当需要重新编辑文字时，在“图层”面板中双击文字图层缩览图，可选中全部文字。或者使用“横排文字工具” T 在文字上单击激活文字，即可重新编辑。编辑文字的方法与使用通常的文字编辑软件（如Word）一样，可以在文字中拖动选择多个字符后单独更改这些字符的相关设定。需要注意的是，如果有多个文字层存在且在画面布局上较为接近，那就有可能点击编辑了其他的文字层。遇到这种情况，可先将其他文字图层关闭（隐藏），被隐藏的文字图层是不能被编辑的。

3. 制作文字选区

使用“横排文字蒙版”工具和“直排文字蒙版”工具可以创建文字选区，如图6-31所示。文字选区与其他的选区没有任何区别，可以像编辑其他选区一样对其进行移动、填充和描边等操作。

使用“横排文字”工具和“直排文字”工具创建文字，按住【Ctrl】键的同时，单击“图层”面板中生成的文字图层的缩览图，可以将文字作为选区载入图像中。

4. 创建段落文字

段落文本主要用于报纸杂志、产品说明及企业宣传册等。创建段落文本的方法也很简单，只需选择一种文字工具，然后在图像中拖动鼠标绘制出一个文本框，在文本框中输入文字后，按数字键盘上的【Enter】键确认操作即可。在创建文字（不管是点文字，还是段落文本）时，在“图层”面板中会自动添加一个文字图层，其图层图标为“T”。

使用“横排文字工具”，在视图内拖动鼠标可以创建出一个文本框，如图6-32所示效果。在文本框中直接输入文本，可根据需要设置文本属性，如图6-33所示。设置完毕后单击“提交所有当前编辑”按钮，完成段落文本的录入，如图6-34所示。

5. 创建路径文字

（1）开放路径文本的创建

路径文字是指在开放或封闭的路径上创建的文字，移动路径或修改路径的形状时，文字会适应新

图6-32　创建文本框

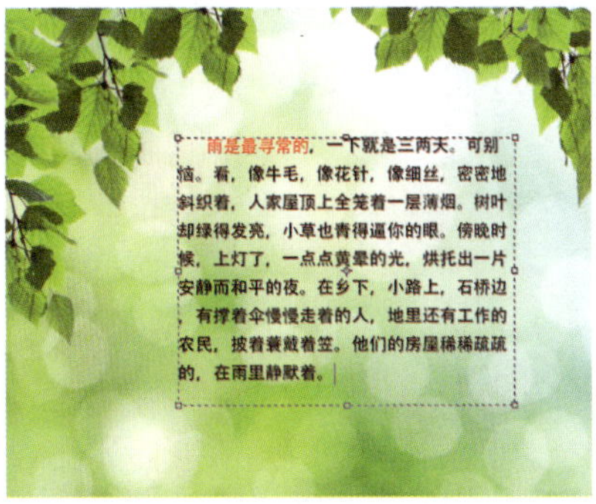
图6-33　设置文本属性

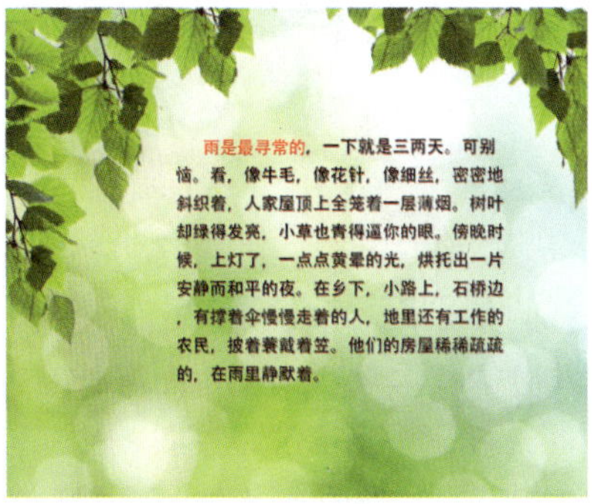
图6-34　完成文字录入

的路径位置或形状；当沿水平方向输入文本时，字符沿着与基线垂直的路径排列；当沿垂直方向输入文本时，字符沿着与基线平行的路径排列。

选择“钢笔”工具，沿着苹果边缘，绘制一条路径，如图6-35所示。选择“横排文字”工具，在路径的起点旁单击，路径起点处会出现闪烁的光标，如图6-36所示。在光标处输入文字，文字自动沿路径排列，效果如图6-37所示。文字输入完毕后单击“提交所有当前编辑”按钮，完成段落文本的录入，如图6-38所示。

在沿路径输入文字时，路径上的X表示路径起点，路径上的圆圈表示路径的终点。在输入文字时，文字将从起点方向向终点方向排列，当超过终点时，后面的文字将不显示。

（2）区域路径文本的创建

使用文本工具在封闭的路径内单击，创建的文本将在封闭路径内部，即路径的轮廓变为段落文本的文本框，限制文本的走向，即创建区域路径文本。

使用“形状工具”或“钢笔工具”绘制一条封闭的路径，如图6-39所示。使用“文字工具”，移动鼠标到路径内部，如图6-40所示。鼠标在路径内部单击，输入文字，如图6-41所示。文字输入完毕后单击“提交所有当前编辑”按钮，完成段落文本的录入，如图6-42所示。

图6-35　绘制路径

图6-36　使用“横排文字”工具

图6-37　输入文字

图6-38　完成文字录入

图6-39　绘制封闭路径

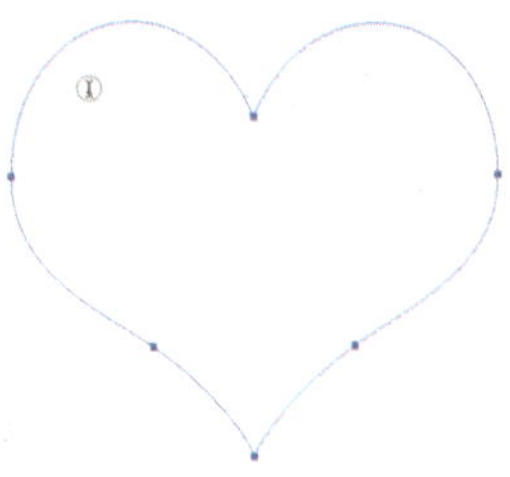
图6-40　移动鼠标到路径内部

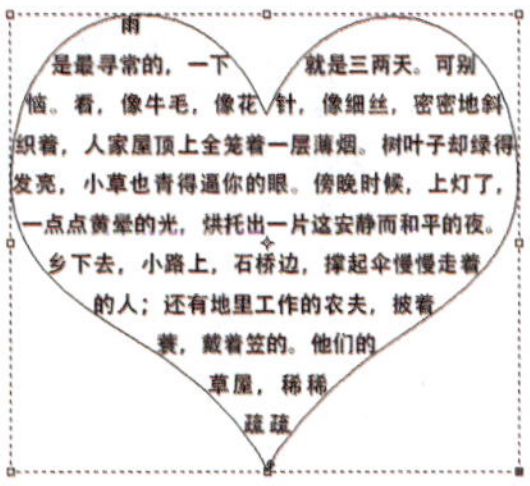
图6-41　输入文字

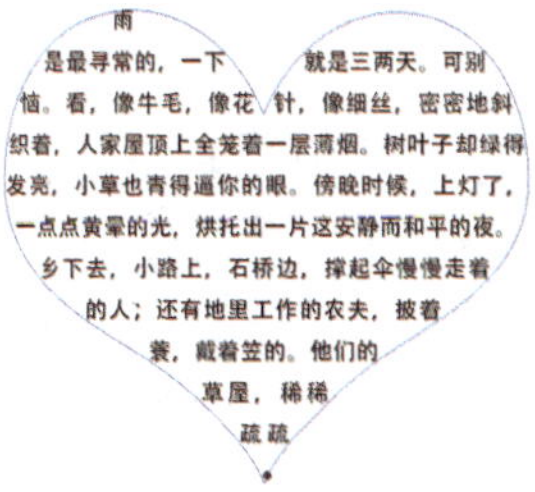
图6-42　完成文字录入

二、文字的修改

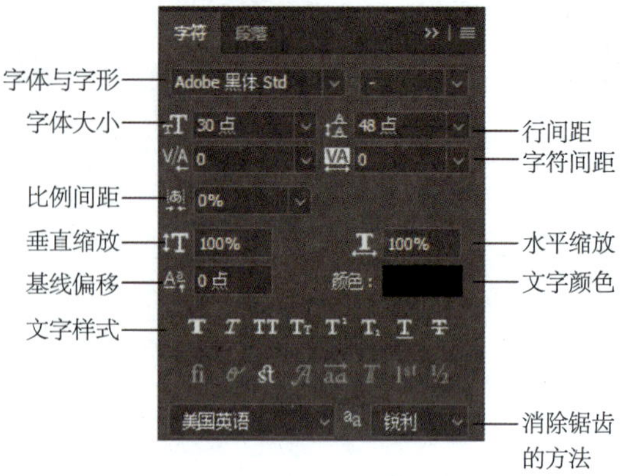

图6-43 字符面板

1. 设置字符面板

Photoshop提供了一种扩充文本生成能力的面板，它们分别是“字符”和“段落”面板，在其中可以对文字设定更多的选项，下面就针对这两个面板做详细介绍。

单击“窗口”→“字符”命令，可以打开或隐藏“字符”面板，在该面板中可以精确地控制所选文字的字体、字号、颜色、行间距、字间距和基线偏移等属性，方便进行文字编辑，如图6-43所示。

“字符”面板主要选项及含义如下：

- 设置字体和字形：在“设置字体系列”下拉列表框中，可选择所需的字体或字形。
- 设置字体大小：选中文本后，可在“设置字体大小”下拉列表中设置字体大小。
- 设置行距：行距是指文字行之间的间距量。间距控制文字行之间的距离，若设置为自动，间距将会跟随字号的改变而改变，若设置为固定的数值时则不会。因此如果手动指定了行间距，在更改字号后一般也要再次指定行间距。如果间距设置过小就有可能造成行与行的重叠。图6-44是自动行距与手动指定为12像素行距的比较。如果有重叠发生，下一行文字将会遮盖上一行。
- 竖直缩放和水平缩放：这两种选项可以指定文字高度和宽度的比例，相当于将字体变高或变扁，数值小于100%为缩小，大于100%为放大。图6-45所示的文字分别为标准、竖向50%、横向50%的效果。
- 字符间距：设置文本与文本之间的间距。
- 比例间距：按指定的百分比值减少字符周围的空间，字符本身并不因此被伸展或挤压。当向字符添加比例间距时，字符两侧的间距按相同的百分比减小，百分比越大，字符间压缩就越紧密。
- 设置文字颜色：为创建的文本更换颜色，选中文字文本，单击色块，可通过打开的“拾色器”（文本颜色）对话框选取所需颜色。
- 设置文字样式：在“字符”面板的底部有一排设置字体样式的属性栏，该选项包含了有关字符的多种功能，如加粗、倾斜、全部大写字母等。

（a）自动行距　　（b）手动指定行距

图6-44 设置行距

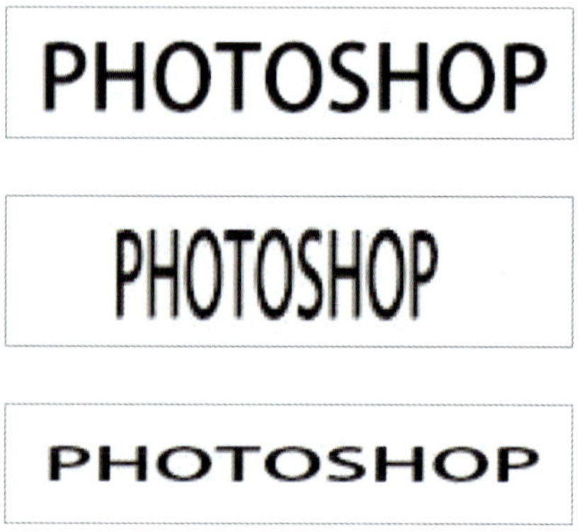

图6-45 设置缩放

- 设置消除锯齿的方法：该选项中有5种可设置消除锯齿的方法，其中包括无、锐利、犀利、浑厚和平滑5个选项。“无”就是不应用该项；“锐利”使文字边缘显得最为锐利；“犀利”使文字边缘显得稍微锐利；“平滑”使文字边缘更加光滑；“浑厚”使文字显得粗重。

“段落”面板可对段落文本的属性进行细致的调整，还可使段落文本按照指定的方向对齐。单击“窗口”→“段落”命令，即可打开该面板。

选中段落文本后，利用“段落”面板中的对齐按钮，可使选中的段落文本按左对齐或者右对齐的方式对齐文本。下面对其中主要参数进行介绍。

- 设置段落对齐方式：用于设置文字的对齐方式，从左至右依次为：左对齐、居中对齐、右对齐。它对应于文字工具选项栏中的对齐方式按钮，如图6-46所示。
- 设置段落对齐方式（最后一行）：用于设置段落文本最后一行的对齐方式，并使其他行两端对齐。
- 设置左缩进：用于设置段落左缩进的距离。
- 设置右缩进：用于设置段落右缩进的距离。
- 设置首行缩进：用于设置段落首行文字缩进的距离。图6-47所示为参数设置60后段落首行缩进的效果。
- 设置段前距：用于设置当前段落与前一段落的距离。
- 设置段后距：用于设置当前段落与后一段落的距离。
- 避头尾法则设置：避头尾法则用于指定亚洲文本的换行方式。不能出现在一行的开头或结尾的字符称为避头尾字符，Photoshop提供了基于日本行业标准（JIS）X4051—1995的宽松和严格的避头尾集，宽松的避头尾设置忽略长元音字符和小平假名字符。
- 间距组合设置：可以在该下拉列表框中选择一种段落间距的设置方式。
- 连字：选择该复选框，可以在断开的单词之间显示连字符。

2. 路径文字的修改

创建路径文字后，可以在路径上移动文字，或者翻转路径上的文字。选择“直接选择”工具或“路径选择”工具，将鼠标指针定位到文字上，光标改变形状，此时单击并沿路径拖动文字，释放鼠标左键，文字即被移动到路径上的其他位置，如图6-48所示。

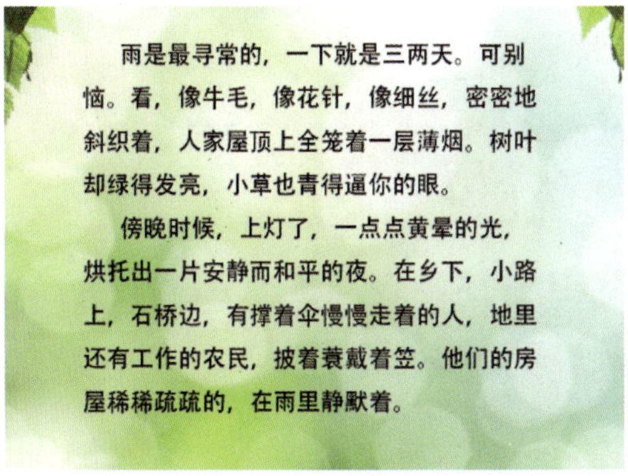

（a）左对齐

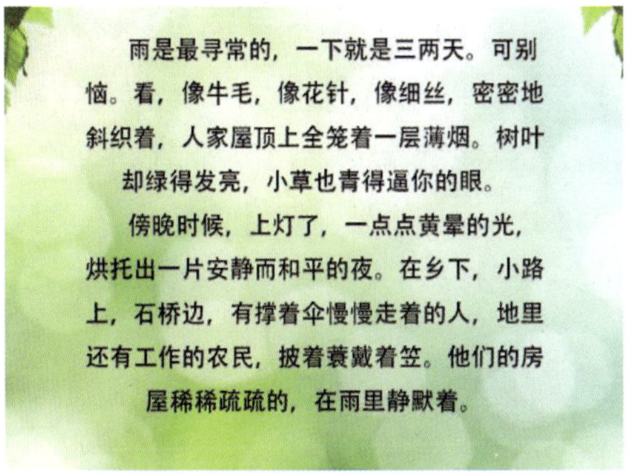

（b）居中对齐

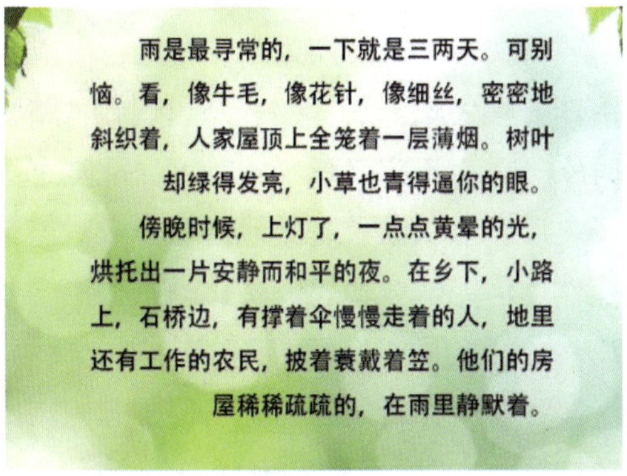

（c）右对齐

图6-46　段落对齐方式

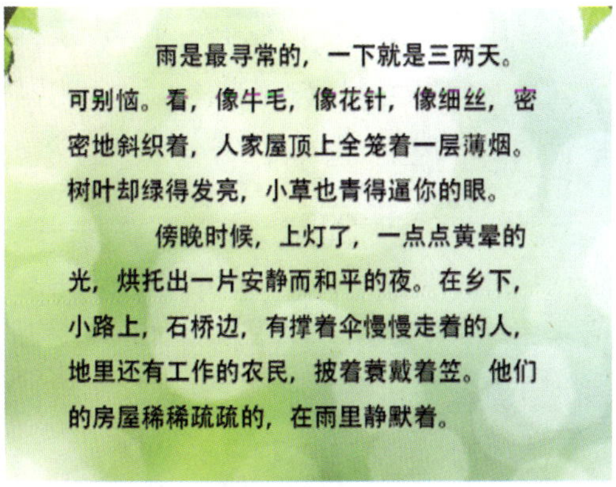

图6-47　设置段落首行文字缩进

图6-48　移动文字

图6-49　翻转文字

图6-50　改变文字排列

使用“直接选择”工具或“路径选择”工具，将鼠标指针移至路径上的文字上，朝路径的另一边拖动鼠标，释放鼠标左键，可以将文字翻转到路径的另一边，如图6-49所示。

在路径上输入文字后，除了可以移动和翻转路径上的文字外，还可以通过调整路径的形状来更改路径上文字的排列。使用“直接选择”工具调整路径上锚点的位置，以改变路径的形状，此时路径上的文字的排列也随之改变，效果如图6-50所示。

三、文字的转换

1. 文字转换为工作路径

将文字字符转换为工作路径，可以将这些文字字符用作矢量图形。工作路径是出现在“路径”面板中的临时路径，用于定义形状的轮廓。从文字图层创建工作路径之后，可以像处理其他路径一样对该路径进行存储和操作。但无法编辑已经转化为路径的文本；不过，原始文字图层将保持不变并可编辑。

图6-51　创建工作路径

图6-52　完成工作路径转换

要将字符转换为工作路径，应先选择文字图层，然后选择“文字”→“创建工作路径”命令，或在图层上右击，从弹出的快捷菜单中选择“创建工作路径”命令即可。

选择“图层”面板中的文字图层，单击“文字”→“创建工作路径”命令，得到如图6-51所示的效果。隐藏“图层”面板中的文字图层，看到新转换的工作路径，如图6-52所示。

从文字图层创建工作路径后，可以像处理其他路径一样对该路径进行存储和操作，但无法以文本形式编辑路径中的字符；不过，原始文字图层仍然存在，并且可以编辑。

2. 文字转换为形状

打开一个包含文字图层的图像，在“图层”面板中选择文字图层，然后右击该文字图层，从弹出的快捷菜单中选择“转换为形状”命令，可以将文字转换为形状，如图6-53所示。

在将文字转换为形状时，文字图层被替换为形状图层，并且还可以使用路径工具对形状进行调整。

3. 点文本与段落文本的转换

Photoshop允许将点文本转换为段落文本，以便在文本框内调整字符排列；或将段落文本转换为点文本，以便使各文本行彼此独立排列。将段落文本转换为点文本时，每个文字行的末尾（最后一行除外）都会添加一个回车符。

若要在点文本与段落文本间进行转换，应先选择“图层”面板中的“文字”图层，然后选择“文字”→“转换为点文本”命令或“文字”→“转换为段落文本”命令即可。

4. 文字图层转换为普通图层

在Photoshop中有些命令和工具不能用于文字图层，如各种滤镜、绘图工具和各种调整命令。如果要使用这些命令和工具对文字图层进行操作，则必须先将文字图层栅格化。

在“图层”面板中右击文字图层，从弹出的快捷菜单中选择“栅格化文字”命令，或者单击“图层”→“栅格化”→“文字”命令，即可将文字图层转换为普通图层，如图6-54所示。

（a）文字图层

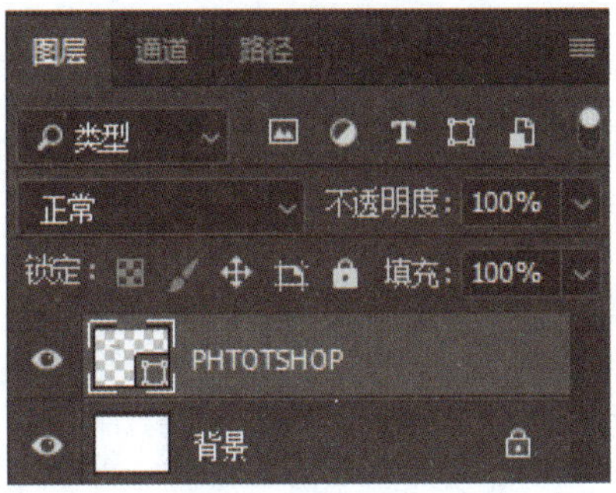

（b）转换为形状后的显示

图6-53　文字转换为形状

> **提示**
> 将段落文本转换为点文本时，会打开一个提示对话框，提示所有溢出的未被显示在文本框中的字符都将被删除。若要避免文字丢失，应先调整文本框大小，使所有文字都显示在文本框中。

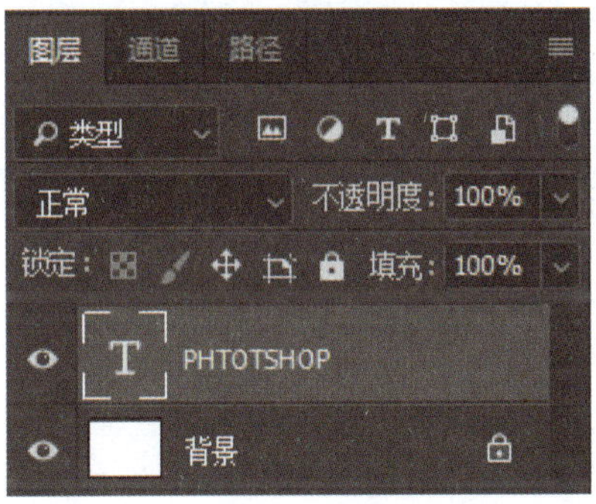

（a）原文字图层

（b）“栅格化文字”菜单

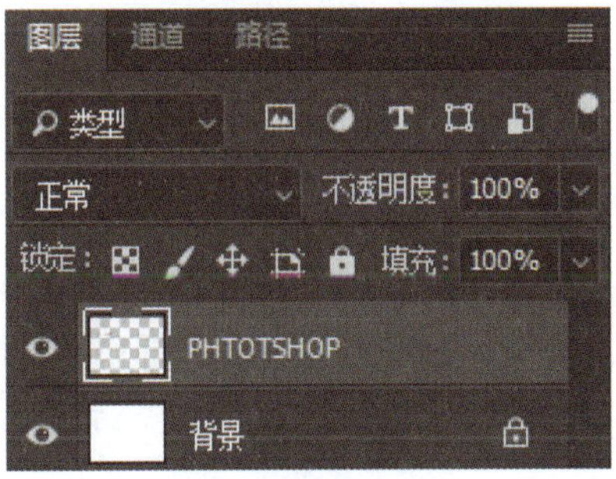

（c）普通图层

图6-54　文字图层转换为普通图层

项目小结

本项目中主要讲述了Photoshop中的文本创建、文字的修改以及文字的转换等内容。通过本项目的学习，应掌握以下内容：

1. 在学习Photoshop中的文本操作时，熟练掌握横排文字工具和直排文字工具的操作技法。

2. 在学习文字的修改时，熟练掌握文字的行距、间距、垂直和缩放等格式调整的操作技法，快速完成文字排版。

3. 在学习文字的转换时，熟练掌握文字转换为工作路径、文字转换为形状、点文本与段落文本的转换，文字图层转换为普通图层的操作技法。

项目拓展

1. 设计制作一个旅游类杂志封面。
2. 设计制作一张旅游类杂志内页。

项目 07

蒙版与通道应用

项目提要

蒙版和通道是Photoshop的核心技术。本章主要介绍图层蒙版、矢量蒙版、剪贴蒙版和通道的创建及使用方法。蒙版用来控制图像的显示区域，通过对蒙版的编辑可控制图像的显示区域以及显示状态，以获得特殊效果。通道主要用于保存图像颜色和选区信息，编辑通道可以改变图像中的颜色分量或创建特殊选区，也可以结合图层蒙版和通道的多种方式抠取复杂图像，对灵活处理图像很有帮助。

学习目标

1. 蒙版的概念。
2. 图层蒙版的使用。
3. 矢量蒙版的使用。
4. 剪贴蒙版的使用。
5. 通道的使用。
6. 通道计算和应用图像。

任务一　店铺首页海报设计之长发模特抠图

任务描述

电商平台在给女装店铺设计海报时，常常需要外形靓丽的女模特来展示服装，女模特以长发居多，给长发模特抠图是网店美工必备的技能之一，本任务是给店铺首页海报中的长发模特抠图，效果如图7-1所示。

图7-1　长发模特抠图效果

任务解析

1. 启动Photoshop图像处理软件，使用钢笔工具，绘制路径。
2. 创建矢量蒙版，得到模特身体部分。
3. 使用通道配合色阶命令、画笔工具抠取头发部分。
4. 使用盖印图层命令，得到完整的模特抠图效果。

任务实现

①启动Photoshop图像处理软件，打开素材项目七（7.1）.jpg，按【Ctrl+J】组合键复制图层，图层命名为“模特”。选择工具箱中的“钢笔工具”，沿人物边缘绘制一条封闭路径，如图7-2所示。

②单击“图层”→“矢量蒙版”→“当前路径”命令，创建矢量蒙版，如图7-3所示。

③单击通道面板，选择头发与背景色对比最强烈的“蓝”通道，拖动“蓝”通道至面板底部的“创建新通道”按钮上，复制“蓝”通道为“蓝拷贝”，如图7-4所示。

图7-2　绘制路径

图7-3　创建矢量蒙版

④单击“图像”→“调整”→“色阶”命令，打开“色阶”对话框，选择“在图像中取样以设置黑场”吸管■，在头发中单击取样（参考“输入色阶”值为121，1.00，255），使头发变得更黑，如图7-5所示。

⑤选择“在图像中取样以设置白场”吸管■，在头发边缘墙壁上单击取样（参考“输入色阶”值为

图7-4　复制“蓝”通道

图7-5　色阶命令设置“黑场”

103，1.00，119），使墙壁变得更白，从而与头发形成强大反差，如图7-6所示。

⑥设置“前景色”为黑色（000000），选择工具箱中的“画笔工具”，将模特头部残留的白色高光涂抹成黑色，如图7-7所示。设置“前景色”为白色（ffffff），选择工具箱中的“画笔工具”，将图像除模特头部以外区域涂抹成白色，如图7-8所示。

图7-6　色阶命令设置白场

图7-7　画笔工具的使用 1

⑦单击通道面板底部的“将通道作为选区”按钮▒，将通道载入选区，如图7-9所示。单击“选择”→“反选”（或按Shift+Ctrl+I组合键）命令，如图7-10所示。单击通道面板“RGB”通道，按【Ctrl+C】组合键拷贝，单击图层面板，按【Ctrl+V】组合键粘贴，隐藏背景图层，如图7-11所示。

⑧按【Ctrl+Alt+Shift+E】组合键盖印图层，单击“文件”→“存储”命令保存文件，最终效果如图7-12所示。

图7-8　画笔工具的使用 2

图7-9　将通道载入选区

图7-10　选区“反选”命令

图7-11　隐藏背景图层

图7-12　长发模特抠图最终效果

任务二　店铺首页海报设计

任务描述

电商平台首页海报一般位于导航栏的下方，占有较大的面积，其常见形式为多张海报循环播放，因此也叫轮播海报。通常情况下，它是买家进入店铺首页后最先看到的区域，不仅能够吸引顾客眼球，还能使客户第一时间了解店铺的活动信息。本任务是设计一张店铺首页海报，效果如图7-13所示。

任务解析

1. 启动Photoshop图像处理软件，创建标尺。
2. 添加素材，创建图层蒙版。
3. 绘制矩形，添加文字。

任务实现

①启动Photoshop图像处理软件，单击“文件”→“新建”命令，新建一个文件名为“店铺首页海报设计”，“宽度”为1920像素、“高度”为750像素，“颜色模式”为RGB颜色，“分辨率”为72像素/英寸的文件，如图7-14所示。

②单击“视图”→“标尺”（或按Ctrl+R组合键）命令打开标尺，配合【Shift】键在画布中间位置创建一条参考线，如图7-15所示。

③打开素材项目七（7.2）.jpg，选择移动工具，将该素材移至“店铺首页海报设计”选项卡，平铺画布左侧，如图7-16所示。在图层面板下方单击“新建图层”按钮，创建新图层，图层命名为“左侧蒙版”，选择工具箱中“矩形选框工具”，在文件左侧绘制选区，如图7-17所示。设置前景色为淡粉色（f9b6a5），按【Alt+Delete】组合键填充前景色，取消选区，如图7-18所示。

④在图层面板下方单击“添加图层蒙版”按钮，为“左侧蒙版”图层添加图层蒙版。单击“编辑”→“填充”→“内容”（内容选择50%灰色）→“确定”，如图7-19所示。

⑤打开素材项目七（7.3）.psd，选择移动工具，将抠图模特移动至“店铺首页海报设计”选项卡，调整模特大小，将原来位于左侧的模特覆盖，如图7-20所示。

图7-13　店铺首页海报设计效果图

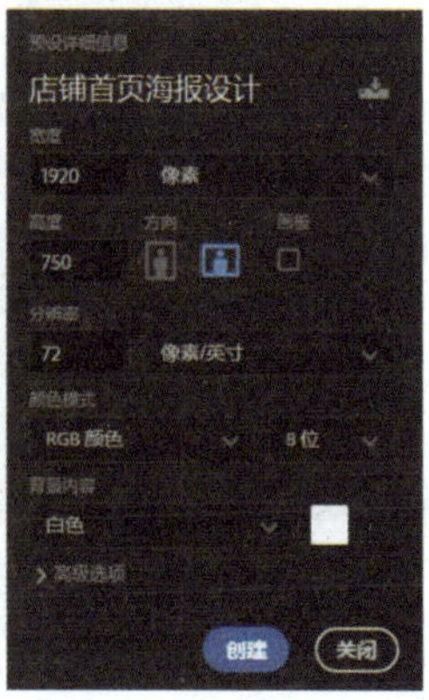

图7-14　“新建”对话框

图7-15　创建参考线

图7-16　添加素材

图7-17　绘制矩形选区

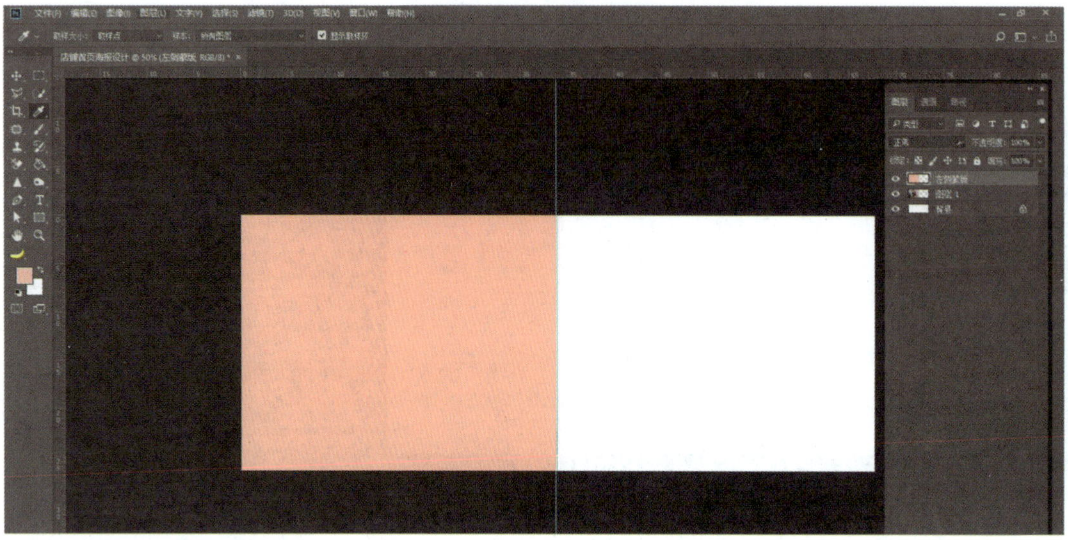

图7-18　填充前景色

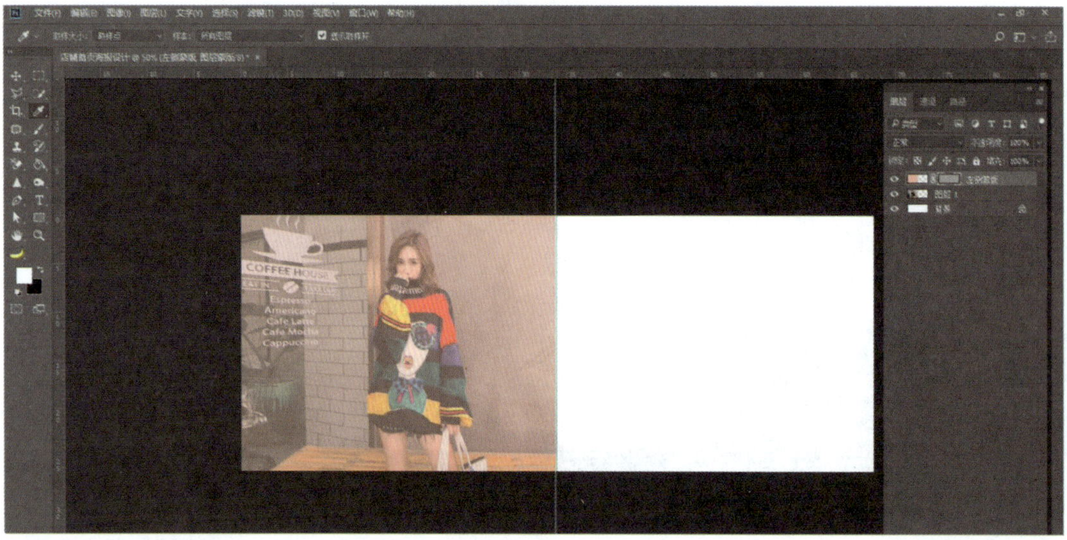

图7-19　添加图层蒙版

图7-20　添加模特素材

⑥打开素材项目七（7.4）.jpg，选择移动工具，将该素材移至“店铺首页海报设计”选项卡，平铺画布右侧，如图7-21所示。在图层面板下方单击“新建图层”按钮，创建新图层，图层命名为“右侧蒙版”，选择工具箱中“矩形选框工具”，在画布右侧绘制选区。设置前景色为绿色（046166），按【Alt+Delete】组合键填充前景色，取消选区，如图7-22所示。

⑦在图层面板下方单击“添加图层蒙版”按钮，为“右侧蒙版”图层添加图层蒙版。单击“编辑”→“填充”→“内容”（内容选择50%灰色）命令，如图7-23所示。

⑧在图层面板下方单击“新建图层”按钮，创建新图层，图层命名为“白色”，选择工具箱中的“矩形选框工具”，在图像上绘制矩形选区，设置前景色为白色（ffffff），按【Alt+Delete】组合键填充前景色，如图7-24所示。

⑨单击“文件”→“存储”命令保存文件，添加文字后最终效果如图7-25所示。

图7-21　添加素材

图7-22　填充前景色

图7-23　添加图层蒙版

图7-24　绘制白色矩形

图7-25　店铺首页海报设计最终效果图

项目相关知识

一、蒙版概念

蒙板就是选区的外部，其内部就是选区。蒙版一词本身即来自生活应用，也就是“蒙在上面的板子”的含义。Photoshop中的蒙版可以将不同灰度的色值转化为不同的透明度，并作用到它所在的图层，使不同部位的透明度产生相应的变化。黑色为完全透明，白色为完全不透明。

二、图层蒙版

图层蒙版的主要作用是用来保护部分图层，让用户无法编辑显示或部分图像。通过更改图层蒙版，对图层应用各种特殊效果，而不会实际影响该图层上的像素，然后可以应用蒙版并使这些更改永久生效，或者删除蒙版而不应用更改。

1. 创建图层蒙版

单击“图层”→“图层蒙版”→“显示全部”命令，可以创建一个显示图层内容的白色蒙版；单击“图层”→“图层蒙版”→“隐藏全部”命令，可以创建一个隐藏图层内容的黑色蒙版；单击“图层”面板下方的“添加图层蒙版”按钮，即可创建一个空白蒙版，如图7-26所示。

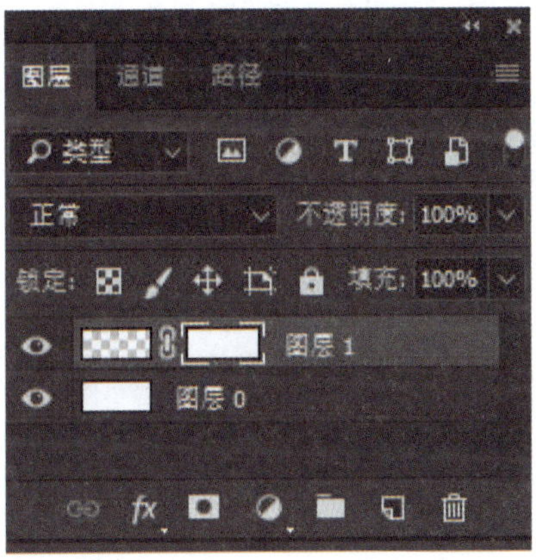

图7-26　空白蒙版

2. 图层蒙版的停用与启用

停用图层蒙版的方法：右击图层面板“图层蒙版”缩略图，在弹出的菜单中选择“停用图层蒙版”选项，即可停止使用图层蒙版。但此时并没有将其删除，只是将“图层蒙版”缩略图变为样式。

启用图层蒙板的方法：右击图层面板“图层蒙版”缩略图，在弹出的菜单中选择“启用图层蒙版”选项，即可再次启用图层蒙版。此时“图层蒙版”缩略图由变为样式。

三、矢量蒙版

矢量蒙版依附于图层而存在，主要是使用路径制作蒙版，遮挡路径覆盖的图像区域，显示无路径覆盖的图像区域。矢量蒙版可以在使用形状工具绘制形状的同时创建，也可以通过路径来创建。

使用钢笔工具或形状工具在图像中绘制路径，单击“图层”→“矢量蒙版”→“当前路径”命令，或者按住【Ctrl】键单击添加图层蒙版按钮，即可基于当前路径创建矢量蒙版，如图7-27所示。使用直接选择工具可以修改路径的形状，改变蒙版的遮罩区域。

单击“图层”→“矢量蒙版”→“显示全部”命令，可以创建一个显示全部图像内容的矢量蒙版；单击“图层”→“矢量蒙版”→“隐藏全部”命令，可以创建隐藏全部图像内容的矢量蒙版。

（a）绘制路径　（b）创建矢量蒙版

图7-27　矢量蒙版的使用

四、剪贴蒙版

剪贴蒙版和矢量蒙版的作用相似，都是使用图层或路径来遮盖其上方的图层，遮盖效果由基底图层决定。

剪贴蒙版的原理是通过处于下方的图层形状来限制上方图层的显示状态。剪贴蒙版由两部分组成：一部分为基层，即基础层，用于定义显示图像的范围或形状；另一部分为内容层，用于存放将要呈现的图像内容。使用剪贴蒙版能在不影响原图像的同时，有效地完成剪贴制作。

在“图层”面板中选择要创建剪贴蒙版的图层，选择“图层”→“创建剪贴蒙版”命令（或按Ctrl+Alt+G组合键），即可将其剪贴到下面的图层中。也可按【Alt】键，将鼠标指针移到两个图层之间，此时鼠标变成形状，单击即可创建剪贴蒙版，如图7-28所示。

在剪贴蒙版中，箭头指向的图层为基准图层，下面带有下划线的图层为内容图层。

（a）原图像　（b）创建剪贴蒙版

图7-28　创建剪贴蒙版

若要取消剪贴蒙版，可选择基准图层，然后选择“图层”→“创建剪贴蒙版”命令（或按Ctrl+Alt+G组合键，或再次按Alt键），并在两个图层之间的交线处单击，即可取消剪贴蒙版。

五、通道

通道的概念，便是由遮板演变而来的，也可以说，通道就是选区。在通道中，以白色代替透明表示要处理的部分（选择区域）；以黑色表示不需要处理的部分（非选择区域）。因此，通道也与遮板一样，没有其独立的意义，而只有在依附于其他图像（或模型）存在时，才能体现其功用。而通道与遮板的最大区别是通道可以完全由计算机来进行处理，也就是说，它是完全数字化的。

1. 通道的类型

通道是Photoshop中较为重要的功能，它作为图像的组成部分，与图像的格式密不可分。通道主要分为颜色通道、专色通道、Alpha通道3种类型。当打开一个图像时，Photoshop将自动创建颜色信息通道，如图7-29所示。

图7-29　通道的类型

- 复合通道：复合通道不包含任何信息，它只是同时预览并编辑所有顶色通道的一个快捷方式。通常被用来在单独编辑完一个或多个颜色通道后使通道面板返回到它的默认状态。平常所进行的操作，都是针对复合通道的，在编辑复合通道时，将影响所有的颜色通道。
- 颜色通道：颜色通道记录了图像的打印颜色和显示颜色。图像的颜色模式决定了颜色通道的数量，RGB图像包含了3个通道（红、绿、蓝）和一个用于编辑图像的复合通道；CMYK图像包含4个通道（青色、洋红、黄色、黑色）和一个复合通道；Lab图像包含3个通道（明度、a、b）和一个复合通道；位图、灰度、双色调和索引颜色图像都只有一个通道，如图7-30所示。
- 专色通道：专色通道是一种特殊的颜色通道，可以使用除了青色、洋红、黄色、黑色以外的颜色来绘制图像。专色是特殊的预混油墨，如金属质感的油墨、荧光油墨等。它们用于替代和补充普通的

图7-30　不同颜色模式的通道

印刷油墨。在“通道”面板中单击扩展按钮，在菜单中选择“新建专色通道”命令，即可新建专色通道，如图7-31所示。

- Alpha通道：用来保存选区。可以使用绘画工具和滤镜来编辑该通道，从而对选区进行修改。

2. “通道”面板

使用“通道”面板可以管理所有的通道并对通道进行编辑。单击“窗口”→“通道”命令，弹出“通道”面板，如图7-32所示。

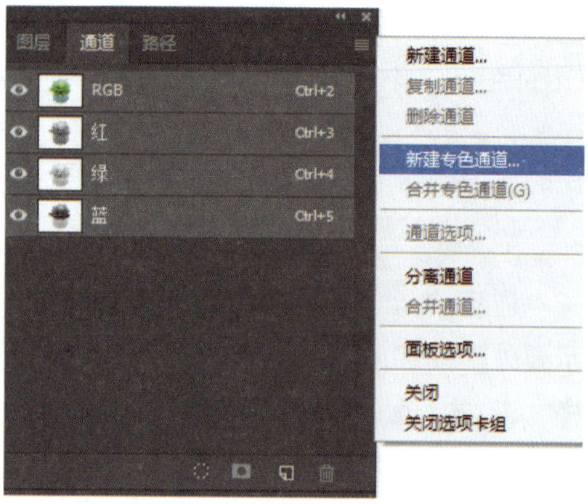

图7-31 新建专色通道

在“通道”面板中存放当前图像中存在的所有通道。在“通道”面板中，如果选中的只是其中的一个通道，则只有此通道处于选中状态，此时该通道上将出现一个深色条；如果想选中多个通道，可以按住【Ctrl】键的同时依次单击想选中的通道。

在“通道”面板的底部有4个按钮，它们的含义如下：

图7-32 “通道”面板

- “将通道作为选区载入”按钮：单击该按钮可以将通道中的选区调出。
- “将选区存储为通道”按钮：单击该按钮，可以将选区存入通道中，并可在后面的操作中调出来制作一些特殊效果。
- “创建新通道”按钮：单击该按钮，可以创建一个Alpha通道。
- “删除当前通道”按钮：将某通道拖到该按钮上，即可删除该通道。

Ps 提示

单击“通道”面板中的“将通道作为选区载入”按钮，相当于按住【Ctrl】键的同时单击该通道。单击“将选区存储为通道”按钮，相当于单击“选择”→“存储选区”命令。

六、通道计算和应用图像

1. 应用图像

“应用图像”命令用于计算机处理通道内的图像，使图像混合产生特殊的效果。选择“图像”→“应用图像”命令，打开“应用图像”对话框，如图7-33所示。

“应用图像”对话框中的各个选项含义如下：

图7-33　应用图像

- 源：用于设置选择的源文件。
- 图层：用于选择源文件的图层。
- 通道：用于设置源通道。
- 反相：选中该复选框后，在处理图像前会先反转通道内的内容。
- 混合：用于选择混合模式，即选择两个通道对应像素的计算方法。
- 蒙版：选中该复选框后，可以加入蒙版以限定选区。

图7-34 计算命令对话框

2. 计算

“计算”命令用于计算处理两个通道内的相应内容，主要用于合并单个通道的内容。选择“图像”→“计算”命令，打开“计算”对话框，如图7-34所示。

“计算”对话框中选项含义同“应用图像”对话框中的选项相似，也是对两个通道的相应内容进行运算处理。

Ps 提示

“计算”命令和“应用图像”命令虽然都是通道进行运算，但二者之间还是有所区别的。“应用图像”命令处理后的结果可作为源文件或目标文件使用；而“计算”命令处理后的图像会出现一个Alpha通道，如图7-35所示。将其转变为选区后还可供其他工具使用。

图7-35 计算后出现Alpha通道

项目小结

本项目主要讲述了蒙版与通道的使用方法与技巧。在Photoshop的学习过程中对蒙版和通道的掌握是非常重要的，他们在精细抠取图像及合成图像两方面有绝对的优势。通过本项目的学习，应重点掌握以下内容：

1. 在学习图层蒙版时，需要重点理解蒙版的原理，将蒙版涂为白色，可以显示图层中对应的图像；将蒙版涂成灰色，对应部分的图像显示为半透明效果；将蒙版涂成黑色，对应部分的图像被隐藏。

2. 在学习通道时，需要详细了解通道的含义，只有理解了通道的原理，才能灵活掌握通道的使用技巧。

项目拓展

1. 利用通道抠3幅长发模特图。
2. 制作一张“双十一”女装店铺首页海报。

项目

08

图像的处理与修复

项目提要

Photoshop作为专业的图像处理软件，具备丰富的图像处理与修复作用，这些工具统称为图像处理工具。熟练地掌握这些工具，可以有效地提高图像处理的效果，并极大地提高图片的视觉效果。

学习目标

1. 修复工具组的使用。
2. 图章工具组的使用。
3. 模糊工具组的使用。
4. 减淡工具组的使用。

任务一　电商平台 去除图片水印

任务描述

本任务中L先生在网上开店装修店铺，需要一些图片素材，但好看的图片上面会有图片水印，如图8-1所示，L先生需要快速掌握几种常用去除水印的方法。

任务解析

1. 启动Photoshop图像处理软件，利用填充“内容识别”去除水印。
2. 使用污点修复工具去除路面部分水印。
3. 使用仿制图章工具分离“狂”字水印。
4. 使用修补工具去除间隔开的水印。
5. 使用仿制图章工具去除牛仔裤上的水印。

图8-1 “水印”素材

任务实现

①启动Photoshop图像处理软件，打开素材项目八（8.1）.jpg，首先处理图片上方的“水印”，选择工具箱中“矩形选框工具”，将“水印”区域框选，如图8-2所示。

②单击“编辑”→“填充”命令，弹出填充对话框，在“内容”下拉菜单中选择“内容识别”选项，如图8-3所示。点击“确定”按钮，效果如图8-4所示。

图8-2　矩形选框工具的使用

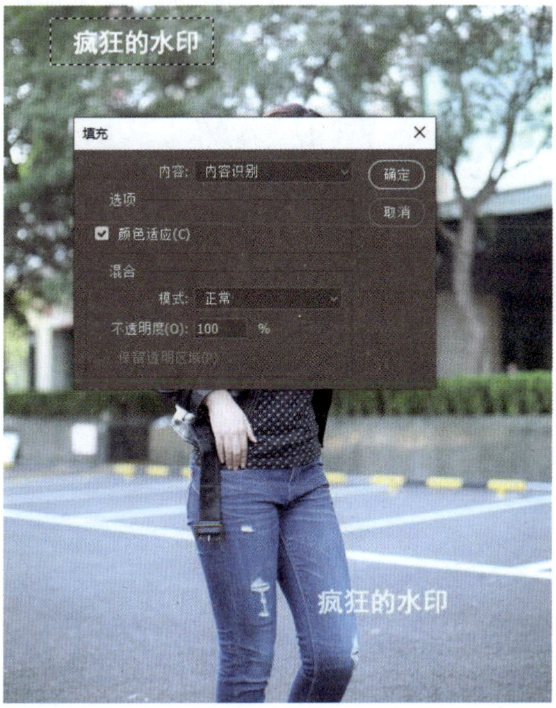

图8-3　“填充”命令对话框

图8-4　填充“内容识别”的使用

③去除裤子上的水印，选择工具箱中的“缩放工具”，对模特裤子部分进行放大，如图8-5所示。选择工具箱中的“污点修复画笔工具”，调整画笔大小为40像素，硬度为5%，如图8-6所示。对模特裤子部分“的水印”三个字进行涂抹去除，如图8-7所示。

④选择工具箱中的“仿制图章工具”，调整画笔大小为5像素，硬度为0，如图8-8所示。

图8-5 放大视图

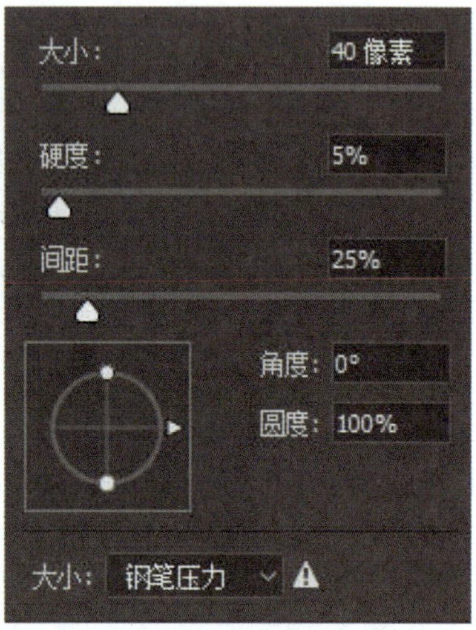

图8-6 设置画笔参数

图8-7 污点修复画笔工具的使用

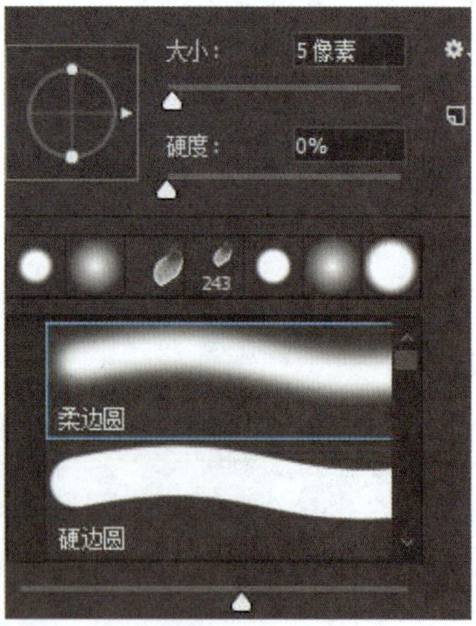

图8-8 设置画笔参数

⑤按住【Alt】键，在文字周围单击取样，松开【Alt】键，在“狂”字和“牛仔裤”交界处进行涂抹，直至“狂”字和“牛仔裤”中间断开。根据具体情况调整取样位置、调整画笔大小与硬度，进行细部的处理，如图8-9所示。

图8-9 “狂”字像素分离

⑥选择工具箱中的“修补工具”，框选“狂”字右边“王”字部分，形成选区，如图8-10所示。

⑦将鼠标移动至选区内，拖动选区至周围色调相近处去除水印，如图8-11所示。

⑧选择工具箱中的“仿制图章工具”，调整画笔大小为10像素，硬度为5%，如图8-12所示。

⑨按住【Alt】键，在裤腿周围单击取样，松开【Alt】键，在水印处进行涂抹。根据所需情况调整取样位置、调整画笔大小与硬度，进行细部的处理。

⑩单击“文件”→“存储”命令保存文件，去除水印后最终效果如图8-13所示。

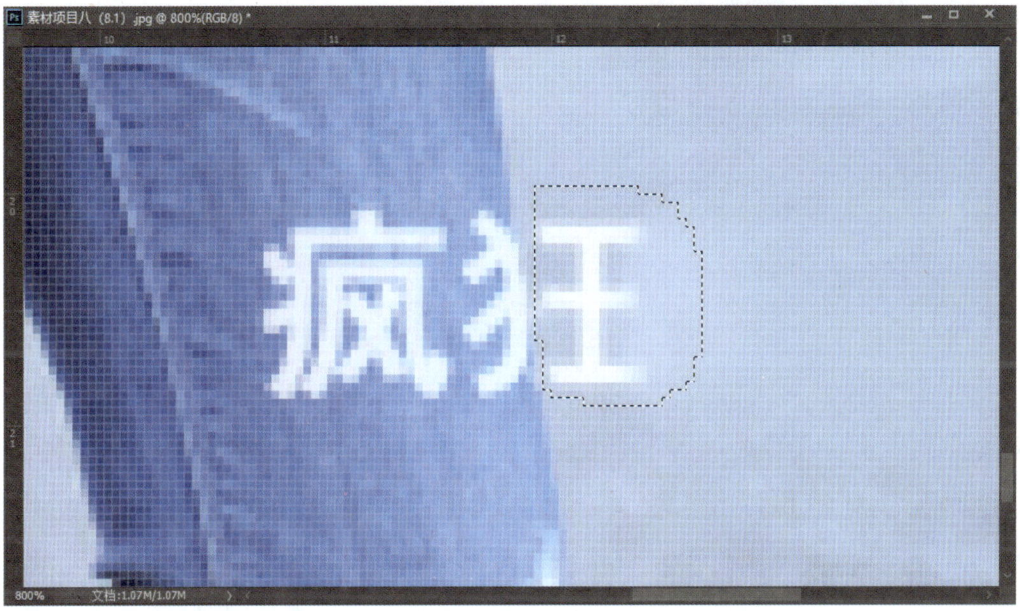

图8-10 修补工具选取图像

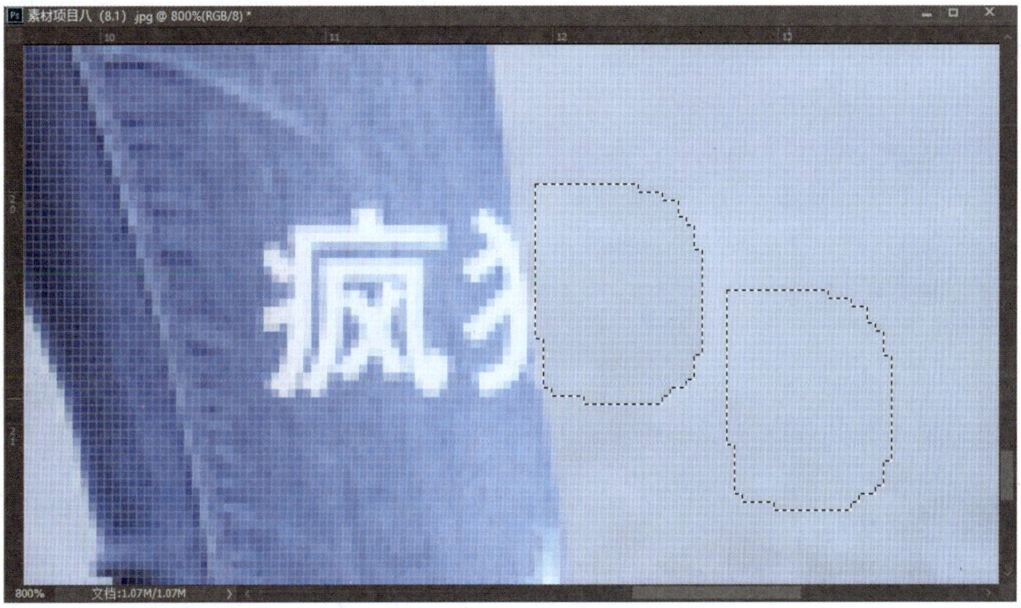

图8-11 修补工具的使用

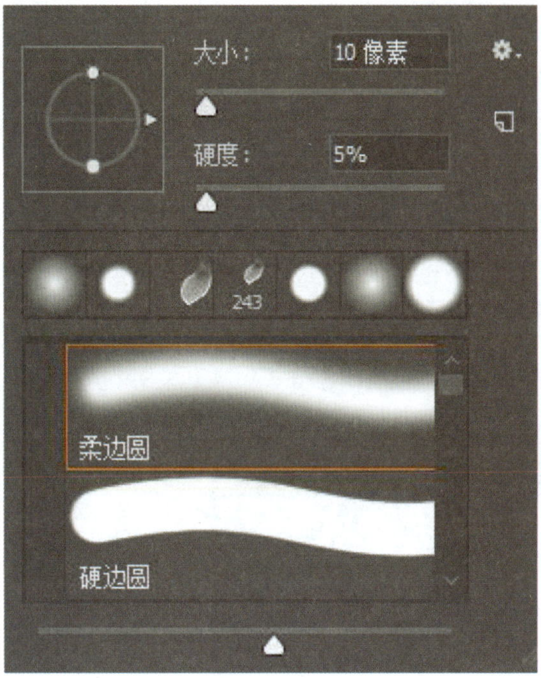

图8-12　设置画笔参数

图8-13　去除水印最终效果图

任务二　电商平台 商业人物修饰

任务描述

电商平台彩妆、护肤品、服装类营销广告常常需要高质量的模特照片，相机拍摄效果往往不够理想，无法避免痘痘、痣、皮肤粗糙等问题。通常情况下，网络美工需要利用Photoshop软件对模特照片进一步修饰，才能达到完美的效果，如图8-14所示。

图8-14　商业人物修饰效果图

任务解析

1. 启动Photoshop图像处理软件，复制背景图层。
2. 使用Camera Raw滤镜调整曝光度。
3. 使用污点修复工具去除“痣”和“痘痘”。
4. 使用减淡、加深工具修饰面部。
5. 使用减淡、加深工具提高眼球明亮度。

任务实现

①启动Photoshop图像处理软件，打开素材项目八（8.2）.jpg，单击“图层”→“新建”→“通过拷贝的图层”（或按Ctrl+J组合键），复制背景图层命名为“背景拷贝”，如图8-15所示。

②单击“滤镜”→“Camera Raw滤镜”，弹出“Camera Raw滤镜”对话框，设置曝光值为“−0.80”，如图8-16所示，单击“确定”。

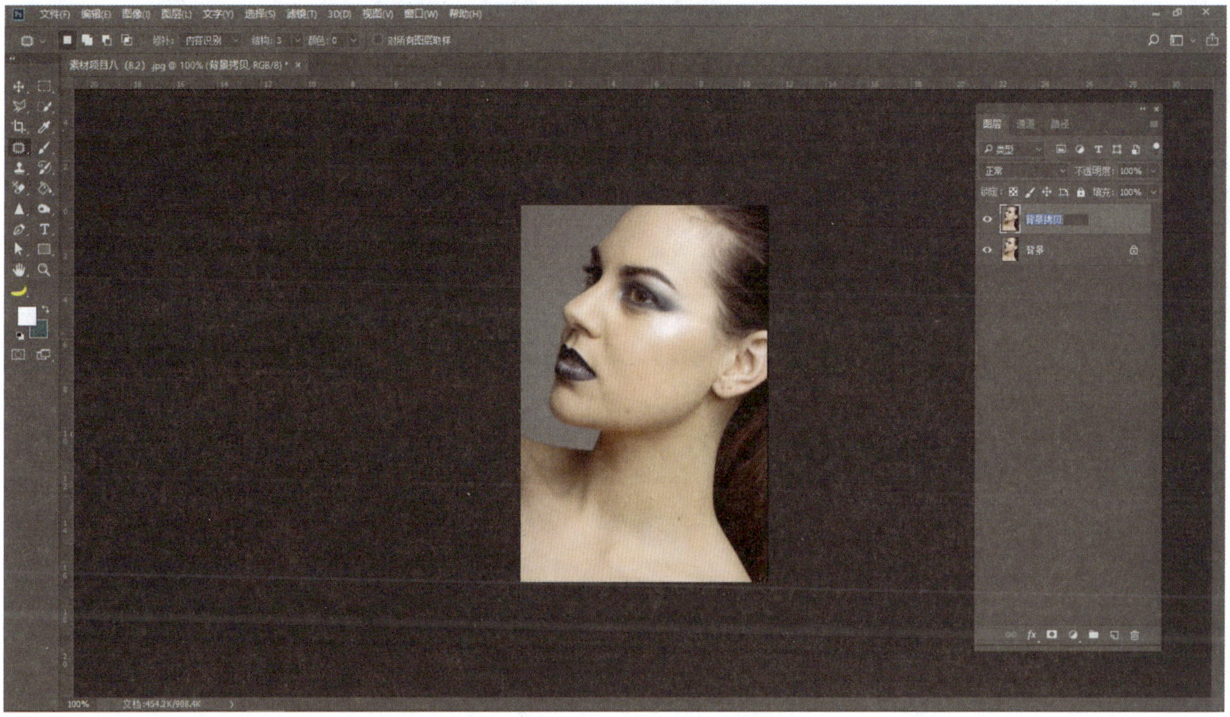

图8-15　复制背景图层

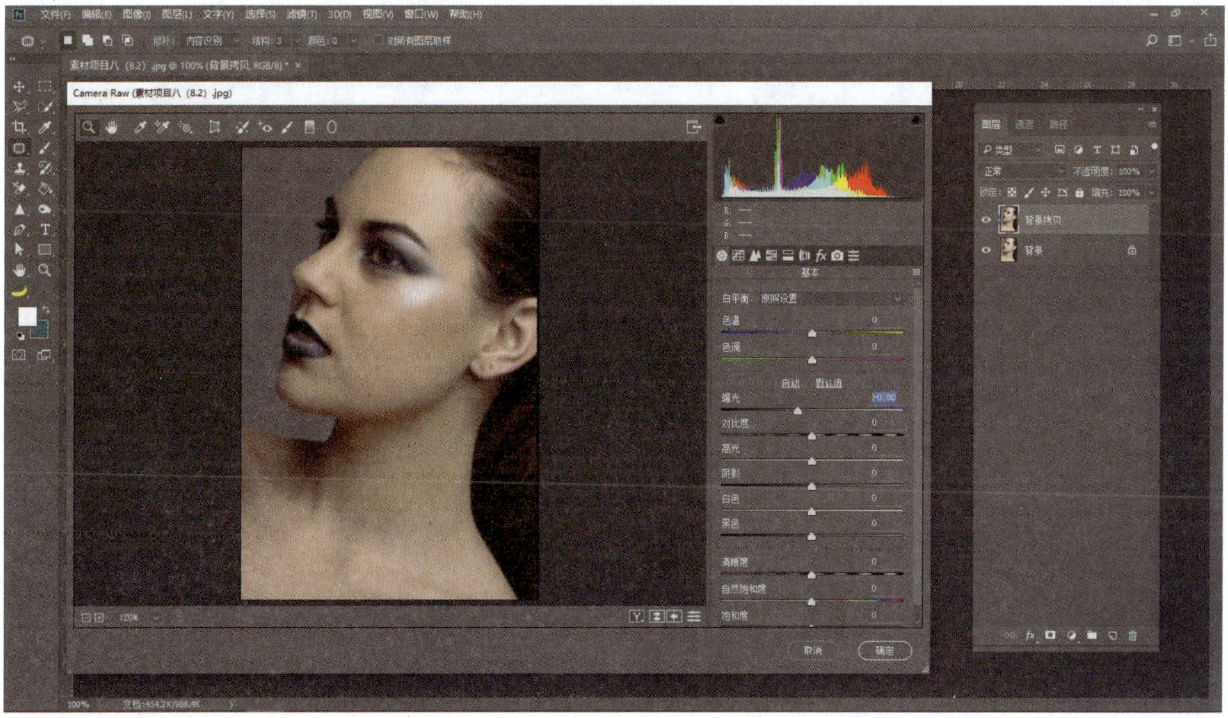

图8-16　降低照片曝光度

③选择工具箱中的“污点修复工具”，对模特面部以及颈部的“痣”和“痘痘”进行涂抹去除，如图8-17所示。

④选择工具箱中的“减淡工具”，选项栏曝光度设置为“10%”，对模特面部“亮面”及“灰面”进行涂抹减淡；选择工具箱中的“加深工具”，选项栏“曝光度”设置为“10%”，在模特皮肤“暗面”进行少量涂抹加深，从而达到修容效果，如图8-18所示。

图8-17　去除面部杂质

图8-18　修容效果

⑤选择工具箱中的“减淡工具”，在模特的“眼白”“眼神光”处涂抹，提亮“眼白”和“眼神光”；选择工具箱中的“加深工具”，在模特“瞳孔”处涂抹，加强与“眼白”的对比度，如图8-19所示。

⑥单击“文件”→“存储”命令保存文件，人像修饰前后对比如图8-20所示。

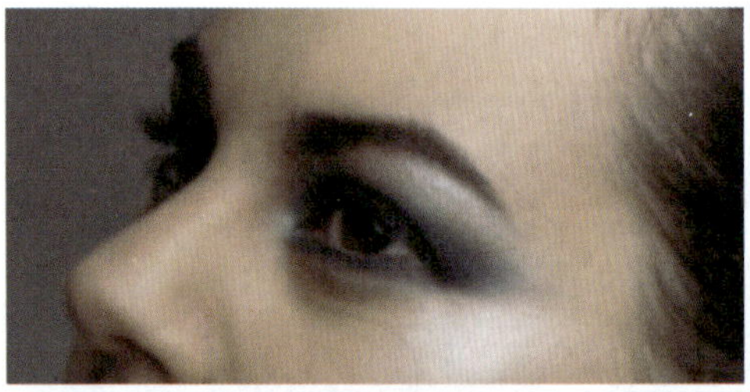

（a）眼部修饰前

（b）眼部修饰后

图8-19　眼部效果对比图

（a）人物修饰前

（b）人物修饰后

图8-20　商业人物修饰效果对比图

项目相关知识

一、修复工具组

1. 污点修复画笔工具

使用污点修复画笔工具，可以快速去除图像中的瑕疵，如人物面部的斑点、痘印、疤痕等，其修复原理是在所修饰图像位置的周围自动取样，然后将其与所修复位置的图像融合，得到理想的颜色匹配效果。

污点修复画笔工具的使用方法非常简单，单击污点修复画笔工具，在选项栏设置合适的画笔大小，在图像的污点位置涂抹即可去除污点，如图8-21所示。

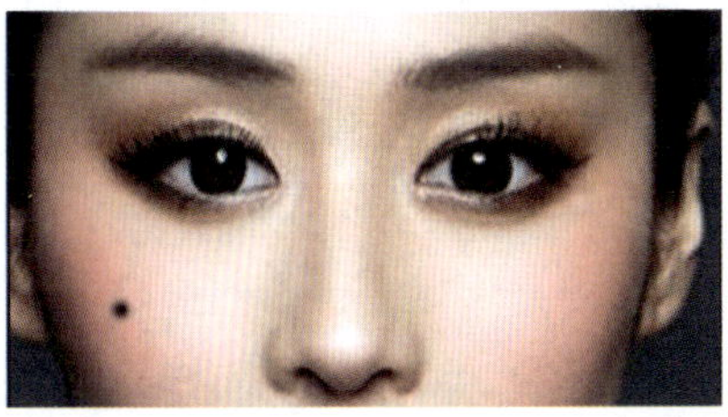

（a）原图像

（b）修复图像

图8-21　使用污点修复画笔工具前后对比图

选择污点修复画笔工具后，其选项栏如图8-22所示。

2. 修复画笔工具

修复画笔工具与污点修复画笔工具使用原理相似，可以对被破坏的图片或有瑕疵的图片进行修复；与污点修复画笔不同的是，修复画笔工具在使用之前需要取样，即按住【Alt】键，在取样点位置单击（单击的位置为复制图像的取样点），松开【Alt】键，然后在需要修复的图像位置按住鼠标左键单击涂抹，即可对图像中的缺陷进行修复，并使修复后的图像与取样点位置图像的纹理、光照、阴影和透明度相匹配，从而使修复后的图像不留痕迹地融入图像，如图8-23所示。

选择修复画笔工具后，其选项栏如图8-24所示。

图8-22　污点修复画笔工具选项栏

- 模式：选择模式下拉列表菜单用于设置修复图像时的混合模式。当选择“替换”选项时，可以保留画笔描边的边缘处的杂色、胶片颗粒和纹理。
- 类型：选中“内容识别”选项后，样本自动采用污点选中的像素进行识别，其效果过渡比较自然；选中“创建纹理”选项后，将使用选区中的所有像素创建一个用于修复该区的纹理。如果纹理不起作用，可尝试再次拖动鼠标经过该区域；选中“近似匹配”选项后，若没有为污点建立选区，则样本自动采用污点外部四周的像素；若在污点周围绘制选区，则样本会采用选区外围的像素。
- 对所有图层取样：如果当前文档包含多个图层，选中该复选框后，可以从所有可见图层中对数据进行取样。取消选中，则只从当前图层中取样。

（a）原图像　（b）取样　（c）修复图像

图8-23　修复画笔工具的使用

图8-24　修复画笔工具选项栏

- 模式：用来设置修复时的混合模式，如果选择“正常”选项则在使用样本像素进行绘画的同时，系统会把样本像素的纹理、光照、透明度和阴影与所修复的像素相融合，如果选择“替换”选项，则只用样本像素替换目标像素，且与目标位置不产生任何融合。
- 取样：选中“取样”单选按钮后，应在按住【Alt】的同时单击取样，并使用当前取样点修复目标。
- 图案：选中该单选按钮后，可以在“图案”下拉列表中选择一种图案来修复目标。
- 对齐：选中该复选框后，只能用一个固定位置的同一图像来修复。
- 样本：用于选取复制图像时的源目标点，包括当前图层、当前和下方图层及所有图层三种方式。

3. 修补工具

使用修补工具，可以对图像中相似的区域或图案来修复有缺陷的部位或制作合成效果。同样，修补工具也是将设定的样本纹理、光照和阴影与被修复的图像区域进行混合，从而达到理想效果。该工具的使用方法是用选区来定位修补范围，如图8-25所示。

选择修补工具后，其选项栏如图8-26所示。

4. 内容感知移动工具

使用内容感知移动工具，只需选择图像场景中的某个物体，将其移动至图像中的任何位置，即可完成真实的合成效果。使用方法与修补工具相似，选择内容感知移动工具将要移动的区域选取出来，在选区中按住鼠标左键拖移，放置到合适的位置松开鼠标，系统会智能修复，如图8-27所示。

选择内容感知移动工具后，其选项栏如图8-28所示。

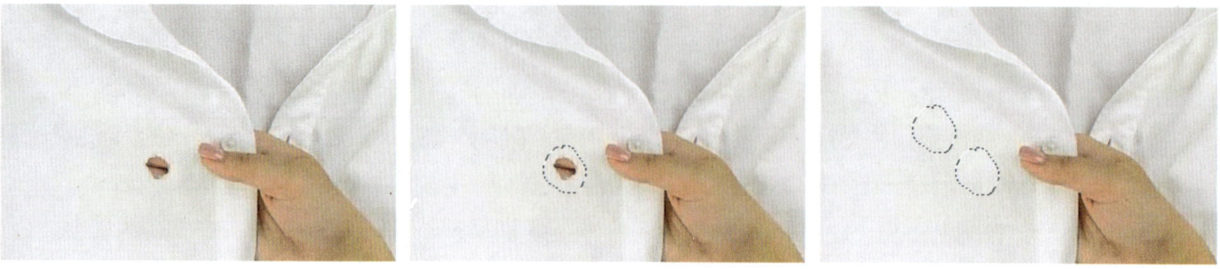

（a）原图像　（b）目标选取　（c）移动修补

图8-25　修补工具的使用

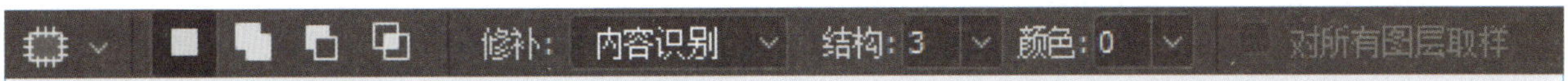

图8-26 修补工具选项栏

- 源：选中该单选按钮后，指定要修补的对象是取样中的对象还是图案。
- 目标：选中该单选按钮后，修补对象变为选区被移动后到达的区域。
- 透明：如果不选中该复选框，则被修补的区域与周围像素只在边缘上融合，而内部图像纹理保持不变，仅在色彩上与原区域融合；反之，则被修补的区域除边缘融合外，还有内部的纹理融合，即被修补区域做了透明处理。

（a）原图像 （b）目标选取 （c）移动目标

图8-27 内容感知移动工具的使用

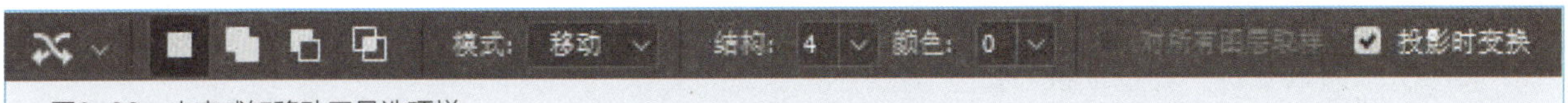

图8-28 内容感知移动工具选项栏

- 模式：模式的子菜单中有“移动”与“扩展”两个选项。“移动”的作用是剪切与粘贴；“扩展”的作用是复制与粘贴。
- 结构：调整原结构的保留严格程度，数值设置越高，结构保留程度越高，反之则越低。
- 颜色：调整可修改原颜色的程度。
- 投影时变换：勾选该复选框，移动后会自动出现一个变换框，变换过后会自动填补空隙部分。如未勾选该复选框，空隙处就是透明区域。

5. 红眼工具

使用红眼工具，可以将数码相机在拍照过程中产生的红眼睛去除并与周围的像素融合，如图8-29所示。

选择红眼工具后，其选项栏如图8-30所示。

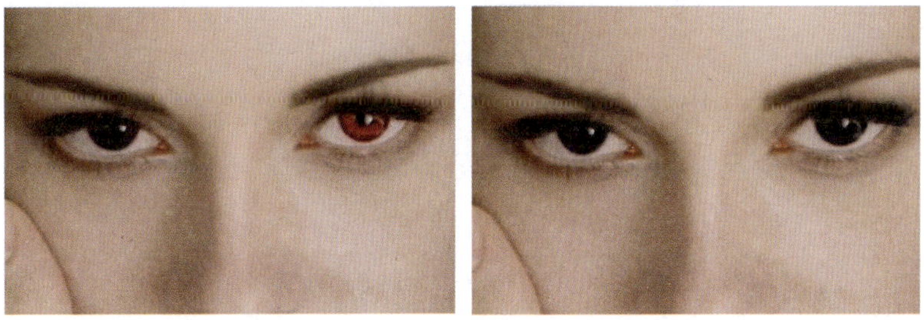

（a）原图像 （b）红眼睛去掉后

图8-29 红眼工具的使用

图8-30 红眼工具选项栏

- 瞳孔大小：用于设置眼睛的瞳孔或中心的黑色部分的比例大小，数值越大，黑色范围越广。
- 变暗量：用于设置瞳孔的变暗量，数值越大，瞳孔越暗。

（a）原图像　（b）仿制图像后

图8-31 仿制图章工具的使用

二、图章工具组

1. 仿制图章工具

使用仿制图章工具可以轻松地将整个图像或图像中的一部分进行复制。仿制图章工具一般用于对图像中的某个区域进行复制。使用仿制图章工具复制图像时，可以是同一文档中的同一图层，也可以是不同图层，还可以在不同文档之间进行复制。该工具的使用方法与“修复画笔工具”的使用方法一致，在使用之前需要取样，即按住【Alt】键，在取样点位置单击（单击的位置为复制图像的取样点），松开【Alt】键，然后在需要修复的图像位置按住鼠标左键单击涂抹，即可对图像进行复制，如图8-31所示。

选择仿制图章工具，其选项栏如图8-32所示。

2. “仿制源”面板

“仿制源”面板可以对复制的图像进行缩放、位移等操作，同时可以设置多个取样点。单击“窗口”→“仿制源”，选择采样点并设置参数，按住【Alt】取样，释放【Alt】，在空白区域涂抹，如图8-33所示。

单击“窗口”→“仿制源”，弹出“仿制源”面板，如图8-34所示。

图8-32 仿制图章工具选项栏

- 画笔设置面板：该按钮可以打开/关闭“画笔”面板。
- 仿制源面板：该按钮可以打开/关闭“仿制源”面板。
- 模式：模式是将当前图层与位于其下方的图层进行混合，从而产生另一种图像显示效果。
- 不透明度：不透明度决定内容显示的程度。当不透明度为100%的时候，填充的内容完全显示；当不透明度设为0%时，填充的内容完全隐藏。
- 流量：用来设置当前光标移动到某个区域上方时应用的颜色的速率。流量值越小，透明度越大；流量值越大，透明度越小。

（a）复制前

（b）复制后

图8-33 “仿制源”面板的使用

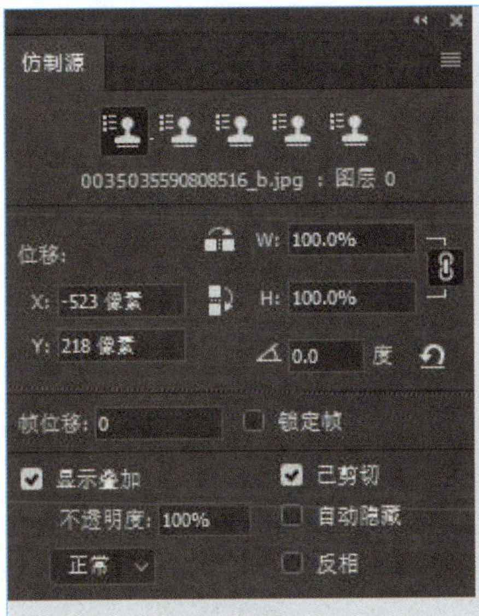

图8-34 “仿制源”面板

- 仿制取样点按钮：用于设置取样复制的取样点，可以一次设置5个取样点。
- 位移：用于设置复制源在图像中的坐标值。
- 缩放：用于设置被仿制对象的缩放比例。
- 旋转：用于设置被仿制对象的旋转角度。
- 复位变换：单击该按钮，可以清除设置的仿制变换。
- 帧位移：用于设置动画中的帧位移。
- 锁定帧：选中该复选框，被仿制的帧将被锁定。
- 显示叠加：选中该复选框，可以在仿制的时候显示预览效果。
- 不透明度百分比：用于设置在仿制的同时会出现采样图层的不透明度。
- 模式下拉列表框：显示仿制采样图像的混合模式。
- 自动隐藏：仿制时将叠加层隐藏。
- 反相：将叠加层的效果以负片显示。

图8-35　图案图章工具选项栏

- 图案下拉列表框：用来放置仿制的图案，单击右边的下拉按钮，打开“图案拾色器”下拉面板，在其中可以选择用来复制的图案。
- 印象派效果：选中该复选框后，仿制的图案呈印象派效果显示。

3. 图案图章工具

使用图案图章工具，可以将预设图案或自定义的图案复制到当前文档中。选择图案后在画布上拖移画笔即可复制图案，其选项栏如图8-35所示。

三、模糊工具组

1. 模糊工具

模糊工具不仅可以绘制出模糊不清的效果，还可以用于修复图像中的杂点和折痕，它是通过降低相邻像素之间的反差而使僵硬的图像边界变得柔和，如图8-36所示。

选择模糊工具，其选项栏如图8-37所示。

（a）原图像　　（b）模糊效果

图8-36　模糊工具的使用

图8-37　模糊工具的选项栏

- 模式：用于设置像素的合成模式。
- 强度：等同于控制模糊的程度。
- 对所有图层取样：选中该复选框，则将模糊应用于所有图层，否则只应用于当前图层。

2. 锐化工具

锐化工具与模糊工具作用相反，它通过增加图像相邻像素之间的反差，使图像的边界变得明显，如图8-38所示。

选择锐化工具，选项栏除“保护细节”外，其他选项与模糊工具相同，如图8-39所示。

“保护细节”对图像进行锐化操作时，可对图像已存在的细节部分进行保护。

3. 涂抹工具

使用涂抹工具，就像我们在日常生活中用手指在未干的画纸上涂抹一样，可以用于修复和过渡图像的边缘，如图8-40所示。

选择涂抹工具，选项栏除“手指绘画”选项外，其他选项均与模糊工具和锐化工具相同，如图8-41所示。

选中“手指绘画”复选框，则在拖动鼠标时，涂抹工具将使用前景色与图像中的颜色相融合；否则，将使用鼠标起始位置处的图像颜色进行涂抹。

（a）原图像　　（b）锐化效果

图8-38　锐化工具的使用

图8-39　锐化工具选项栏

（a）原图像

（b）涂抹效果

图8-40　涂抹工具的使用

图8-41　涂抹工具选项栏

四、减淡工具组

1. 减淡工具

使用减淡工具，可以对图像的阴影、中间色和高光部分进行提亮和加光处理，从而使图片变亮，如图8-42所示。

选择减淡工具，其选项栏如图8-43所示。

2. 加深工具

使用加深工具，可以对图像的阴影、中间色和高光部分进行遮光变暗处理，使图片变暗，如图8-44所示。加深工具选项栏与减淡工具选项栏完全相同。

3. 海绵工具

使用海绵工具，可以精确地更改图像中某个区域的色相饱和度。其作用是当增加颜色的饱和度时，其灰色就会减少，使图像的色彩更加浓烈；当降低颜色的饱和度时，其灰色就会增加，使图像的色彩变为灰度值。

海绵工具的使用方法与加深工具和减淡工具相同，效果如图8-45所示。

选择海绵工具，其选项栏如图8-46所示。

（a）原图像

（b）减淡效果

图8-42　减淡工具的使用

图8-43 减淡工具选项栏

- 范围：用于对图像进行减淡操作时的范围选取，包括阴影、中间调和高光。选择“阴影”时，加亮的范围只局限于图像的暗部；选择“中间调”时，加亮的范围只局限于图像的灰色调；选择“高光”时，加亮的范围只局限于图像的亮部。
- 曝光度：用来控制图像的曝光强度。曝光度（%）越大，曝光强度越明显。
- 保护色调：勾选该复选框后，可以对图像中已存在的颜色进行保护。

（a）原图像　（b）加深效果

图8-44 加深工具的使用

（a）原图像　（b）去色　（c）加色

图8-45 海绵工具的使用

图8-46　海绵工具选项栏

- 模式：用于对图像进行加色或去色的设置。
- 流量：可以为海绵工具指定流量。该值越高，工具的强度越大，效果越明显。
- 自然饱和度：用于从灰色调到饱和色调的调整，在处理饱和度不够的图片时可以调整出非常优雅的色调。

项目小结

本项目主要讲述了修复工具、模糊工具及加深、减淡工具的使用方法。利用这些工具可以对图像进行修复，以及加强图片的质感。通过本项目的学习，应重点掌握以下内容：

1. 在学习修复工具时，应掌握各种工具的不同特性，在实际操作中使用最适合的工具来使用会更快地达到理想效果。

2. 在学习模糊工具及加深工具时，手动涂抹环节较多，需注意细节部分的处理。

项目拓展

1. 为淘宝网店铺图片做“去水印”练习。
2. 为淘宝化妆品模特做人物修饰练习。

项目 09

图像色彩调整与校正

项目提要

图像色彩调整与校正是Photoshop软件中极具威力的功能之一，可方便快捷地对图像的颜色进行调整和校正。合理的颜色能够使黯淡的图像光彩照人，使毫无生气的图像充满活力，使图像显得更加绚丽。

学习目标

1. 颜色的基本设置。
2. 图像的色彩调整。
3. 图像色调的调整。
4. 特殊色调的调整。

任务一　制作小清新风格明信片

任务描述

本任务是制作一张明信片，以海边风景照为基础素材，朴素淡雅的色彩和明亮的色调，营造出舒服、低调、惬意小清新的风格，效果如图9-1所示。

图9-1　小清新风格明信片效果图

任务解析

1. 打开图片素材，使用“色阶”命令调整亮部区域。
2. 使用“曲线”命令将图片整体调亮。
3. 使用“色彩平衡”命令调整色彩。
4. 使用“自然饱和度”命令调整图片饱和度。
5. 使用“USM锐化”命令增强图片效果。
6. 创建明信片文件，调整合适的大小及位置，添加文字。

任务实现

①启动Photoshop图像处理软件，打开素材项目九（9.1）.jpg，按【Ctrl+J】组合键复制图层，如图9-2所示。

②单击“图像”→“调整”→“色阶”命令，弹出“色阶”命令对话框，直方图显示亮部不足，“输入色阶（I）值”设置为0、1.00、208，提高亮部，如图9-3所示。

③单击“图像”→“调整”→“曲线”命令，弹出“曲线”对话框，将“输入（I）”值设置为139，“输出（O）”值为171，使图片整体提亮，如图9-4所示。

④单击“图像”→“调整”→“自然饱和度”命令，弹出“自然饱和度”对话框，“自然饱和度”值设置为79，“饱和度”值设置为－12，如图9-5所示。

⑤单击“图像”→“调整”→“色彩平衡”命令，弹出“色彩平衡”对话框，将“中间调”设置为：39、－1、0，“阴影”设置为：－29、0、－9，如图9-6所示。

图9-2　复制图层

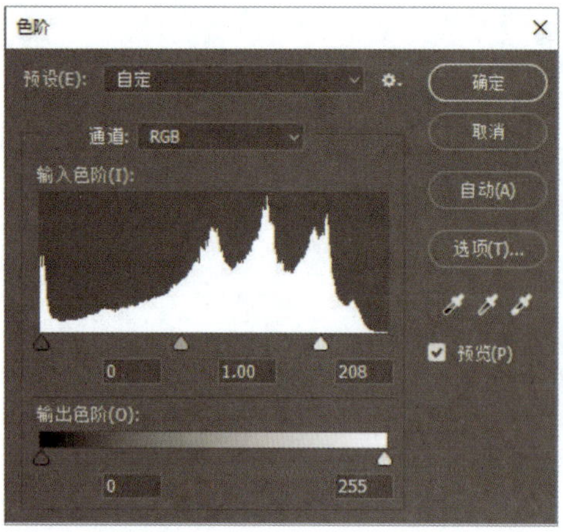

图9-3　色阶命令的使用

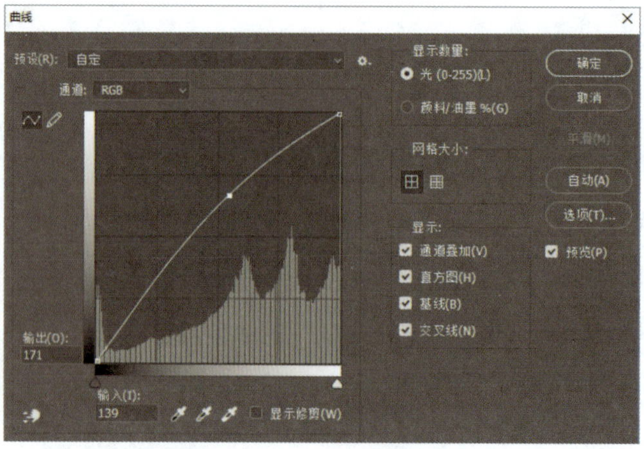

图9-4　曲线命令的使用

图9-5　自然饱和度命令的使用

（a）中间调的设置

（b）阴影的设置

图9-6　色彩平衡命令的使用

⑥在图层面板下方单击“新建图层”按钮，新建图层为“图层2”。设置前景色为白色（ffffff），按【Alt+Delete】组合键填充前景色，单击图层面板下方的“添加蒙版”按钮，添加图层蒙版，图层混合模式调整为柔光，“流量”值调低，将图层天空部分少量擦除，如图9-7所示。

⑦按【Ctrl+Alt+Shift+E】组合键盖印图层，图层为“图层3”，单击“滤镜”→“锐化”→“USM锐化”命令，弹出“USM锐化”命令对话框，设置“数量”为10像素，“半径”为0.3像素，“阈值”为8色阶，如图9-8所示。

⑧单击“文件”→“新建”命令，新建一个文件名为“小清新色调明信片”，“宽度”为165毫米、“高度”为102毫米，“颜色模式”为CMYK颜色，“分辨率”为300像素/英寸的文件，如图9-9所示。

⑨单击素材项目九（9.1）.jpg选项卡，选择工具箱中的移动工具，将“图层3”移动至“小清新色调明信片”选项卡，调整合适的大小及位置，如图9-10所示。

⑩单击“文件”→“存储”命令保存文件，添加文字后最终效果如图9-11所示。

图9-7 添加图层蒙版

图9-8 USM锐化的使用

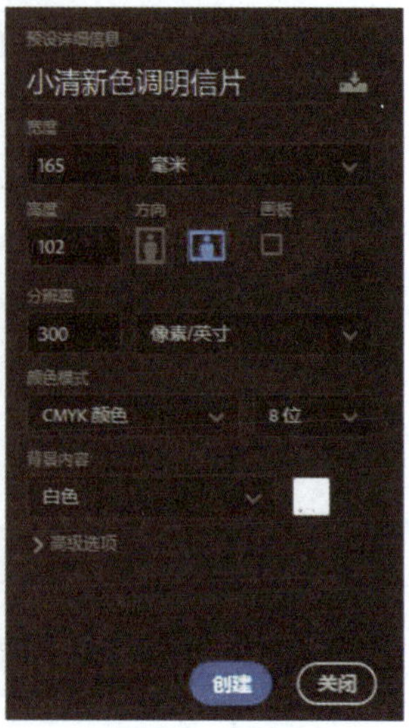

图9-9 “新建”文件对话框

图9-10　调整图像大小及位置

图9-11　小清新风格明信片最终效果图

任务二　制作夕阳温暖色调明信片

任务描述

本任务是制作一张明信片，以海边风景照为基础素材，加强夕阳下的暖色调效果，使画面柔和、宁静、温暖，更好地展现夕阳的魅力，效果如图9-12所示。

任务解析

1. 打开图片素材，掌握“色阶”命令的使用。
2. 使用“色相/饱和度”调整图像饱和度。
3. 使充前景色，设置图层模式。
4. 使用“亮度/对比度”命令调整图像色调。
5. 创建明信片文档，调整合适的大小及位置，添加文字。

图9-12 夕阳温暖色调明信片效果图

任务实现

①启动Photoshop图像处理软件，打开素材项目九（9.2）.jpg，按【Ctrl+J】组合键复制图层，该图层为“图层1”，如图9-13所示。

②单击“图层”面板下方的“创建新的填充或调整图层”按钮，“色阶”命令，弹出“色阶”对话框，设置“输入色阶（I）”值为15、0.89、226，单击“向下剪切”按钮，如图9-14所示。

③单击“窗口”→“通道”命令，打开“通道”面板，在按住【Ctrl】键的同时单击“红”通道，将该通道作为选区载入，如图9-15所示。

④单击图层面板，选中“图层1”，单击“选择”→“修改”→“羽化”命令，弹出“羽化”对话框，设置“羽化”半径为2像素。单击“图层”面板下方的“创建新的填充或调整图层”按钮，选择“色相/饱和度”命令，弹出“色相/饱和度”对话框，设置“全图”选项“饱和度”为+38，“红色”选项“饱和度”为+30，其他参数默认，单击“向下剪切”按钮，如图9-16所示。

⑤在“图层”面板下方单击新建图层按钮，新建图层为“图层2”，设置前景色为橙色（de6800），按【Alt+Delete】组合键填充前景色，图层模式设置为“柔光”，不透明度调整为85%，如图9-17所示。

图9-13 复制图层

图9-14　色阶命令的使用

图9-15　通道选区载入

图9-16　色相/饱和度命令的使用

图9-17　添加图层模式

图9-18　亮度/对比度命令的使用

图9-19　“新建”对话框

⑥按【Ctrl+Alt+Shift+E】组合键盖印图层，图层为“图层3”，单击“图层”面板下方的“创建新的填充或调整图层”按钮，选择“亮度/对比度”命令，弹出“亮度/对比度”对话框，“亮度”设置为4，“对比度”设置为29，单击“向下剪切”按钮，如图9-18所示。再次盖印图层，图层为“图层4”。

⑦单击“文件”→“新建”命令，新建一个文件名为“夕阳温暖色调明信片”，“宽度”为165毫米、“高度”为102毫米，“颜色模式”为CMYK颜色，“分辨率”为300像素/英寸的文件，如图9-19所示。

⑧单击项目九（9.2）.jpg选项卡，选择工具箱中的移动工具，将“图层4”移动至“夕阳温暖色调明信片”选项卡，调整合适的大小及位置，如图9-20所示。

⑨单击“文件”→“存储”命令保存文件，添加文字后最终效果如图9-21所示。

图9-20 调整图像的大小及位置

图9-21 夕阳温暖色调明信片最终效果图

项目相关知识

一、颜色的基本设置

在学习图像色彩的调整与校正之前，首先要了解数字颜色的工作原理。显示器由像素组成，这些像素是发光的小方块。每个像素以不同的量发射红色、绿色和蓝色光。对于最大光，这些量从0到无光测量到255。合理地运用颜色，让作品的色调最大限度地体现出行业的特点。

1. “颜色”面板

“颜色”面板可以显示当前前景色和背景色的颜色值。调整“颜色”面板中的滑块，可以利用几种不同的颜色模型来编辑前景色和背景色，也可以从显示在面板底部的四色曲线图中的色谱中选取前景色或背景色。

单击“窗口”→“颜色”命令（或按F6键），弹出“颜色”面板，如图9-22所示。

除了RGB模式控制颜色以外，还可以在“颜色”面板中，单击其右上角的菜单按钮■，获取更多的颜色控制模式，如图9-23所示为CMYK滑块。

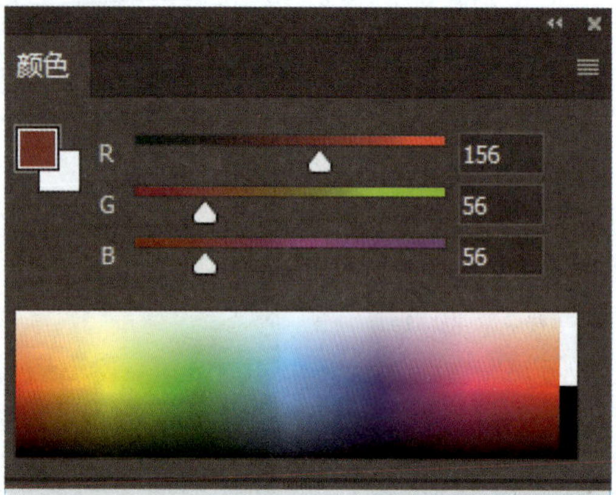

图9-22 “颜色”面板

- 前景色色块：显示当前的前景色，单击此色块，将打开“前景色拾色器”对话框，在其中可以设置前景色；拖动颜色滑块或在四色曲线图上单击鼠标，均可设置前景色。
- 背景色色块：显示当前的背景色，设置方法与前景色相同。
- 滑块：可以直接拖动来确定颜色。

2. “色板”面板

“色板”面板储存了用户经常使用的颜色。在“色板”面板中，用户可以编辑常用色块，或者为不同的项目显示不同的颜色库。选择“窗口”→“颜色”面板，单击“色板”面板，弹出“色板”面板，如图9-24所示。

3. 查看图像色彩的分布

对颜色进行校正时，使用“信息”面板查看像素的颜色值。使用“属性”面板时，“信息”面板显示指针下像素的两组颜色值。使用“吸管”工具查看单个位置的颜色，也可使用最多四个颜色的取样器来显示图像中一个或多个位置的颜色信息，取样器储存在图像中，因此在工作时可随时参考，即使关闭后也能重新打开图像。

（1）“信息”面板

“信息”面板在无任何操作数值时，会显示光标所处位置的色彩值、文档的状态、当前工具的使用提示等信息。如果执行了操作，面板之中就会显示与当前操作有关的各种信息。

单击“窗口”→“信息”命令（或按F8键），弹出“信息”面板，如图9-25所示。

- 鼠标颜色数值信息区域：该区域可以观察鼠标在移动过程中，所经过各点的准确颜色数值。以方便使用者对比颜色并做出调整。

单击吸管下拉列表框中可以设置“信息”面板中的颜色信息。选择“实际颜色”选项，可以显示图像

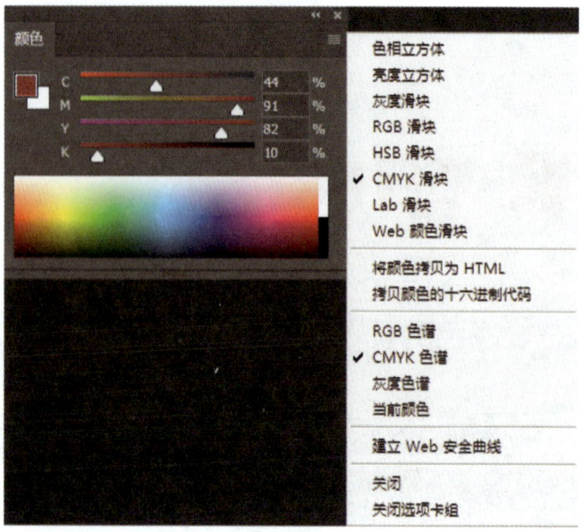

图9-23 “CMYK”模式滑块

当前颜色模式下的值；选择“校样颜色”选项，可以显示图像的输出颜色空间的值；选择“灰度”“RGB颜色”“CMYK颜色”的模式，可以显示相应颜色模式下的颜色值；选择“油墨总量”选项，可以显示指针当前位置的所有CMYK油墨的总百分比；选择“不透明度”选项，可以显示当前图层的不透明度，该选项不适用于背景。

- 鼠标位置信息区域：该区域可以观察鼠标光标位置的测量。
- 文档信息区域：显示文档的大小。
- 工具信息区域：显示当前工具的功能。

（2）“直方图”面板

“直方图”面板是用图像来表示图像的每个亮度级别的像素数量，展示像素在图像中的分布情况，通过观察“直方图”面板，来判断图像的高光、中间色调和阴影中包含的细节是否完整，从而做出更好的调整。

单击“窗口”→“直方图”面板，弹出“直方图”面板，如图9-26所示。

在面板右上角单击菜单按钮，弹出快捷菜单，在该菜单中选择“扩展视图”选项，可以查看颜色的分布情况，如图9-27所示。

- 颜色色块：在颜色色块上单击，可将其设置为前景色。
- 创建前景色的新色板：单击此按钮，可以将设置的前景色保存在“色板”中。
- 删除色板：将当前选中色板删除。

图9-24 “色板”面板

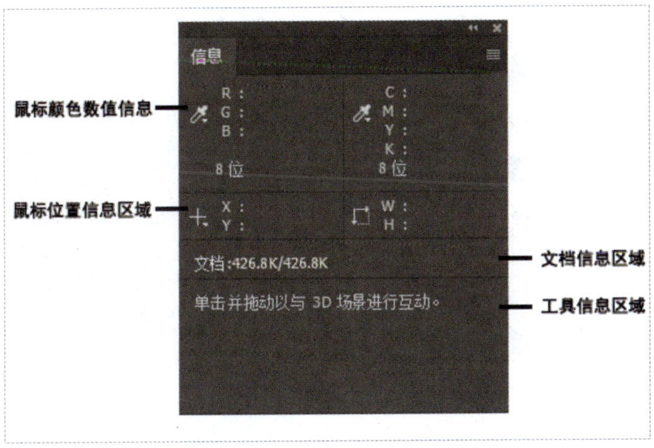

图9-25 “信息”面板

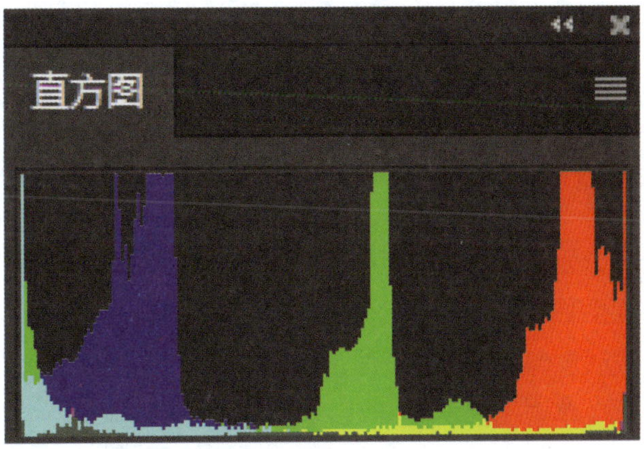

图9-26 “直方图”面板

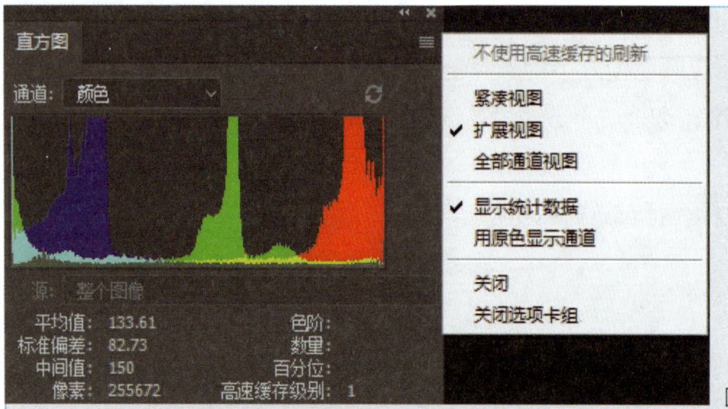

图9-27　查看颜色分布信息

- 平均值：显示像素的平均亮度值（0~255的平均亮度）。通过观察该值，可以判断出图像的色调类型。
- 标准偏差：表示显示亮度值的变化范围，该值越大，说明图像的亮度变化越强烈。
- 中间值：用于显示颜色值范围内的中间值，图像的色调越亮，其中间值越大。
- 像素：用于计算直方图的像素总数。
- 色阶：用于显示当前图像或者某一指定点的灰色色阶，其范围为0~255。
- 数量：用于显示当前图像指定的点或选定区域中所包含的像素数目。
- 百分位：用于显示光标所指的级别和该级别以下的像素累计数。
- 高速缓存级别：用于创建直方图的图像高速缓存的级别。

Ps 提示

直方图的横轴代表亮度，该值的范围为0（黑色）至255（白色），纵轴则代表给定的像素总数。峰值较高的表示此阶段处有较多像素。

二、图像的色彩调整

修复色彩有偏差的数码照片，或者制作个性化的色彩照片时，常需要对图像进行色彩的调整。

1. 色相/饱和度

“色相/饱和度”是Photoshop中常用的调色命令之一，不仅可以调整整个图像的色相饱和度和明度，还可以分别调整图像中不同颜色的色相、饱和度和明度，或使图像成为单色调图像。该命令特别适合于微调CMYK模式图像的颜色，以便它们处于输出设备的色域内。

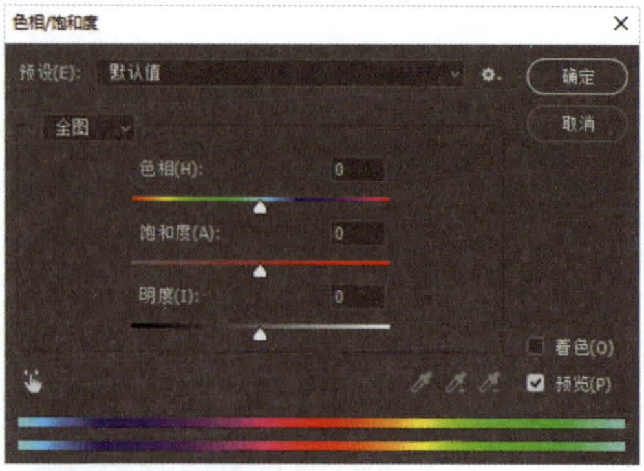

图9-28　“色相/饱和度”对话框

单击“图像”→“调整”→“色相/饱和度”命令（或按Ctrl+U组合键），弹出“色相/饱和度”对话框，如图9-28所示。

- 色相/饱和度调整选项组："全图"选项，用于对图像中的所有颜色进行整体调整。该选项下拉列表框中含有红色、绿色、蓝色、青色、洋红和黄色6种颜色，可以单独调整其中的任何一种颜色。
- 色相：拖动滑块或在文本框中输入数值可以调整图像的色相。
- 饱和度：拖动滑块或在文本框中输入数值可以调整图像的饱和度。
- 明度：拖动滑块或在文本框中输入数值可以调整图像的明度，设定范围是－100~100。

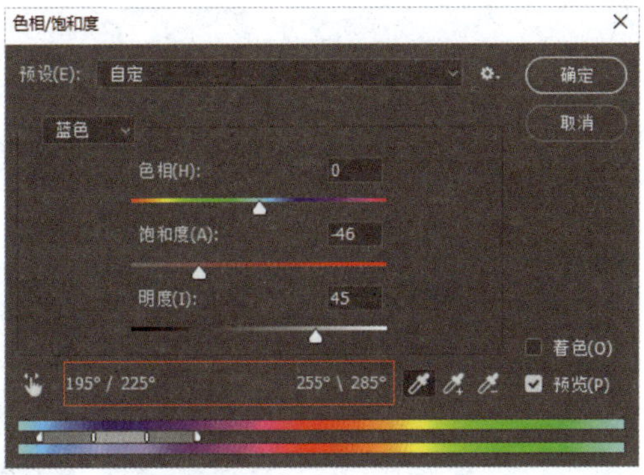

图9-29 "4个色轮值"

- 吸管工具组：使用该工具组可以在图像中吸取颜色，从而精确地调节颜色。
- 颜色条：对话框最下面有两个色谱，上面的表示调整前的状态，下面的表示调整后的状态。如果在色相/饱和度调整选项组的下拉列表框中选择了一种颜色，如"蓝色"，则会出现4个色轮值（用度数表示），如图9-29所示，这4个色轮值与出现在颜色条之间的调整滑块相对应，中间的两个垂直滑块用于定义颜色范围，外侧的两个三角形滑块用于显示在调整颜色范围时衰减的位置。
- 着色：选中该复选框，可以对图像添加不同程度的灰色或单色。

在色相/饱和度对话框设置全图调整"色相"为＋15，"饱和度"为＋16，"明度"为－21；设置蓝色通道调整"色相"为0，"饱和度"为－36、"明度"为＋45，效果如图9-30所示。

2. 色彩平衡

"色彩平衡"命令可以改变图像的总体颜色混合，并且在暗调区、中间调区和高光区通过控制各个单色的成分来平衡图像的色彩。

单击"图像"→"调整"→"色彩平衡"命令（或按Ctrl+B组合键），弹出"色彩平衡"对话框，如图9-31所示。

- 色调平衡："阴影""中间调""高光"，三个单选按钮用于对图像的不同区域进行调整。
- 预览：选中该复选框，可以在调整图像的同时观看效果。
- 保持明度：选中该复选框，可以保持图像像素的亮度值不变，只是颜色值发生变化。
- 色彩平衡："青色""洋红""黄色"3个滑块用于控制各主要色彩的变化，拖动其中的一个滑块，可以相应地增加或减少该颜色。设置图像增加红色、减少洋红和黄色的效果如图9-32所示。

（a）原图　（b）全图调整　（c）蓝色通道的调整

图9-30 "色相/饱和度"命令的使用

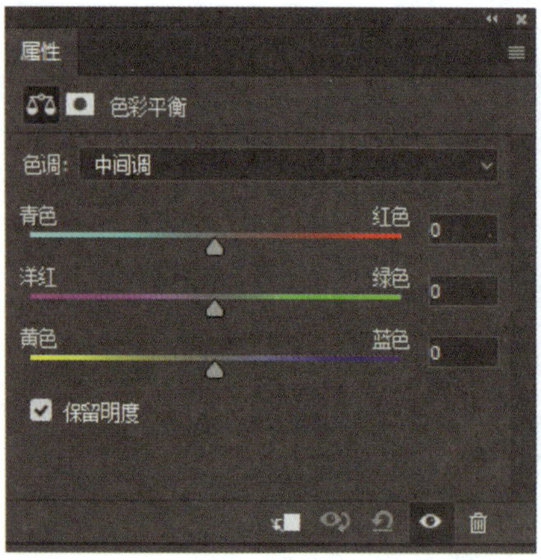

图9-31 “色彩平衡”对话框

（a）原图像　　（b）调整后效果

图9-32 “色彩平衡”命令的使用

3. 替换颜色

“替换颜色”命令用于对图像中的特定颜色进行颜色替换，可以修改其色相、饱和度和明度，还可以使用吸管工具在图像中选择需要替换的颜色。

单击“图像”→“调整”→“替换颜色”命令，弹出“替换颜色”对话框，如图9-33所示。

- 吸管工具组：在图像中单击“吸管工具”按钮，可以吸取需要替换颜色的区域。在图像中单击“添加到取样”按钮，可以把每次选择的颜色添加在一起；在图像中单击“从取样中减去”按钮，可以把选中颜色从选定的颜色中减去。
- 颜色：双击颜色块，会弹出拾色器对话框，在其中设置需要替换的颜色。
- 颜色容差：拖动滑块或输入数值，可以调节选定颜色的选取范围，值越大，选取颜色的范围越大。
- 选区/图像：选中“选区”选项，则预览框中显示蒙版，其中黑色表示未选择区域，白色表示选择区域；选中“图像”选项，则预览框中显示原始图像，不显示选区。
- 色相/饱和度/明度：通过对色相、饱和度和明度的调整替换图像颜色。
- 结果：单击该选项，弹出拾色器对话框，可以在其中选择一种颜色作为替换色，从而精确控制颜色的变化。设置图像替换颜色，效果如图9-34所示。

图9-33 “替换颜色”对话框

图9-34 “替换颜色”命令的使用

4. 可选颜色

“可选颜色”用于调整图像的色彩和校正图像的色彩不平衡，可用于扫描仪或分色程序之中，能选择性地修改主要颜色的印刷数量，而且不影响其他主要色彩。

单击“图像”→“调整”→“可选颜色”命令，弹出“可选颜色”对话框，如图9-35所示。

使用“可选颜色”效果如图9-36所示。

5. 匹配颜色

“匹配颜色”用于图像的饱和度、明度、色彩平衡的调整，还可将两个不同色调的图像调整成统一的色调。该命令是一个智能的色彩调整的工具，可以让源图像和目标图像的色相/饱和度、亮度进行统一，但此命令只有在RGB格式下才能进行使用。

单击“图像”→“调整”→“匹配颜色”命令，弹出“匹配颜色”对话框，如图9-37所示。

使用“匹配颜色”效果如图9-38所示。

6. 渐变映射

“渐变映射”主要将图像的灰度范围映射到指定渐变填充色。当指定双色渐变为映射渐变时，图像中的高光像素映射到一个端点颜色，中间调映射到两个端点之间的过渡颜色，暗调像素将映射到渐变填充的另一个端点颜色。

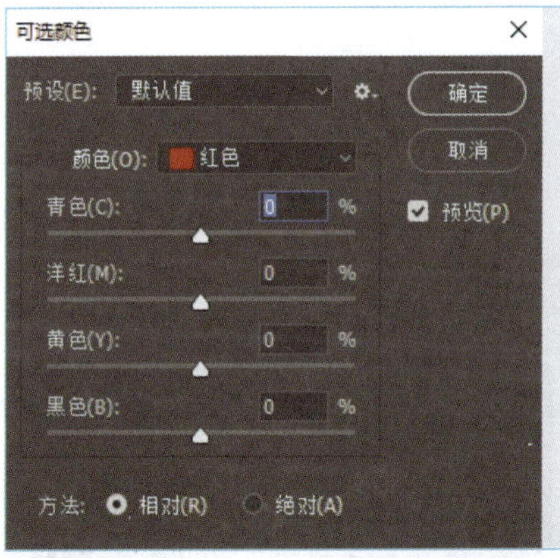

- 颜色：从“颜色”下拉列表框中选择要调整的颜色通道，然后调整下面的颜色滑块来改变色的组成。
- 方法：用来设置颜色调整的方式。选中“相对”单选按钮，调整图像时将按图像总量的百分比来更改现有的青色、洋红、黄色或黑色。

图9-35 “可选颜色”对话框

（a）原图像　　（b）调整后效果

图9-36 “可选颜色”命令的使用

单击“图像”→“调整”→“渐变映射”命令，弹出“渐变映射”对话框，如图9-39所示，单击“渐变颜色条”，弹出“渐变编辑器”，调整渐变为“绿色”至橙色，效果如图9-40所示。

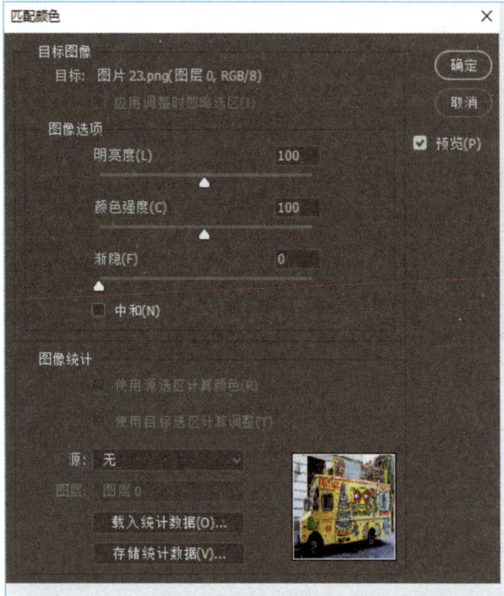

图9-37 “匹配颜色”对话框

- 目标图像：显示可修改的图像的名称和颜色模式。
- 图像选项：通常“明亮度”选项是用来调整图像匹配的明亮程度；“颜色强度”选项是用来调整图像的饱和度，类似于图像的饱和度；“渐隐”选项是接近图层蒙版，决定源图像的色彩匹配到目标图像的色彩颜色之中；“中和”按钮是用来去除图像中的偏色现象的问题。
- 图像统计：用于选中“使用源选区计算色彩颜色”复选框可使用源图像中的选区图像的颜色来计算匹配颜色；“使用目标选区计算调整”复选框可以使用目标图像中的选区图像的颜色来计算匹配颜色；“源”下拉列表用来选择源图像，将源图像的颜色匹配到目标图像的画面中；“图层”下拉列表用来显示需要用于匹配颜色的图层；“载入统计数据”和“存储统计数据”是用来载入已经储存完好的设置或正在储存当前的设置。

（a）原图像 （b）源图像 （c）匹配颜色效果

图9-38 “匹配颜色”命令的使用

图9-39 “渐变映射”对话框

- 灰度映射所用的渐变：单击“渐变颜色条”右侧的三角按钮，弹出“渐变编辑器”对话框，在该对话框可以设置渐变颜色。
- 仿色：用于使色彩过渡更加平滑。
- 反向：用于使现有的渐变颜色方向调转。

（a）原图像

（b）调整后效果

图9-40 “渐变映射”命令的使用

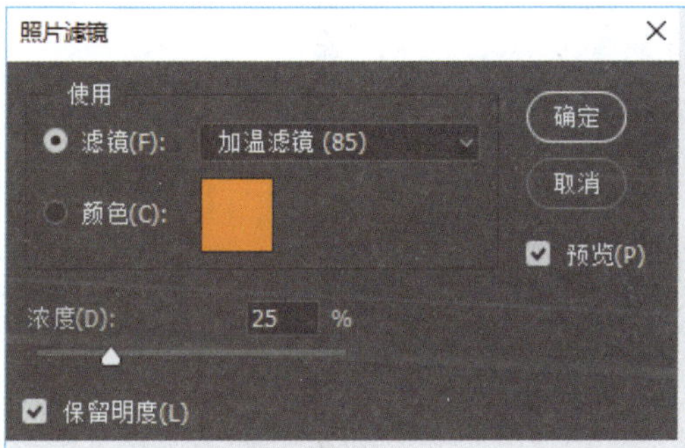

图9-41 “照片滤镜”对话框

- 滤镜：20种滤镜效果选项，可对图像进行调整。
- 颜色：单击“拾色器”，可自定义一种颜色作为图像的色调。
- 浓度：调整图像的颜色数量，值越大，应用的颜色调整幅度越大。
- 保留明度：选中该复选框，在调整颜色色彩的同时，能保持原图像的亮度不变。

7. 照片滤镜

“照片滤镜”功能支持多款相机RAW图像模式，模仿镜头彩色滤镜的效果，用来调节通过镜头传输的色温与色彩平衡。

单击“图像”→“调整”→“照片滤镜”命令，弹出“照片滤镜”对话框，如图9-41所示，设置浓度为80%，其他参数为默认，效果如图9-42所示。

（a）原图像

（b）调整后效果

图9-42 “照片滤镜”命令的使用

三、图像色调的调整

1. 色阶

“色阶”命令是图像中的颜色和颜色中的某一组成部分的亮度范围。通过“色阶”命令可以调整图像的高光、中间色调及阴影的强度级别，校正图像色彩。

单击“图像”→“调整”→“色阶”命令（或按Ctrl+L组合键），弹出“色阶”对话框，如图9-43所示。设置“输入色阶”数值框，变暗、变亮参数，效果如图9-44所示。

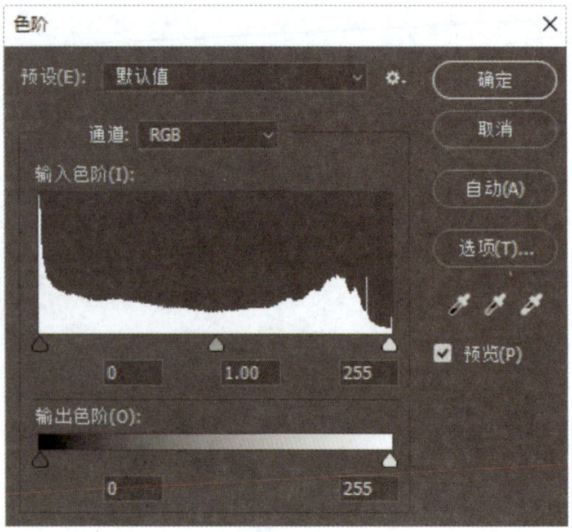

图9-43 “色阶”命令对话框

- 预设：单击其下拉列表框，可以选择已经调整完毕的色阶效果。
- 通道：单击其下拉列表框，可以选择设定调整色阶的通道。
- 输入色阶：该图表用于显示图像的像素分布情况，在图表下方的数值输入框内可以输入数值，以精确调整色阶。
- 输出色阶：在对应的数值框内输入数值，或拖动滑块来调整图像的亮度范围，“暗部”可以使图像中较暗的部分变亮；“亮部”可以使图像中较亮的部分变暗。
- 自动：单击该选项，可以将“暗部”和“亮部”自动调整到最暗或最亮。
- 选项：单击该选项，将弹出“自动颜色较正选项”对话框，该对话框用于设置“阴影”和“高光”所占比例。
- “在图像中取样以设置黑场”：使用此按钮在图像中单击，比取样点像素更暗的颜色会加深（黑色点除外）。
- “在图像中取样以设置灰场”：使用此按钮在图像中单击，以确定图像的中间色阶（即灰场）。
- “在图像中取样以设置白场”：使用此按钮在图像中单击，以确定图像的像素（即白场）。单击该按钮，比拾取位置更亮的像素将进一步加亮。

2. 曝光度

当图片因曝光过度而导致画面泛白，或因曝光不足画面偏暗时，可以通过“曝光度”来修整图像，以达到正常的图像效果。

单击“图像”→“调整”→“曝光度”命令，弹出“曝光度”对话框，如图9-45所示。调整“曝光度”后的效果如图9-46所示。

（a）原图像　（b）图像变暗的调整　（c）图像变亮的调整

图9-44 “色阶”命令的使用

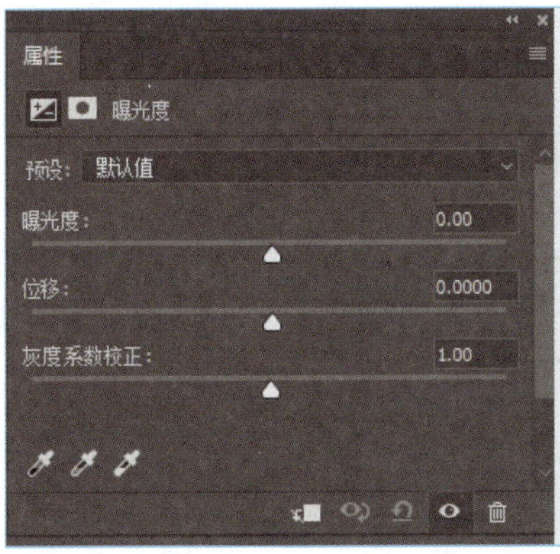

- 预设：单击下拉列表框，可以选择预设曝光度调整文件。
- 曝光度：用于调整颜色的高光端，极少会影响到极限阴影。
- 位移：用于调整中间色调和阴影。
- 灰度系数校正：使用乘方函数调整图像的灰度系数。

图9-45　曝光度对话框

（a）原图像　　（b）调整后效果

图9-46　“曝光度”命令的使用

3. 亮度/对比度

“亮度/对比度”可以对图像中的色调范围进行简单的调整，对图像的每个像素进行同等的调整。“亮度”主要调节图像亮度，数值越大，图像越亮，数值越小，亮度越低。“对比度”主要调整图像的对比度，正值增加图像对比度，负值降低图像对比度。

单击“图像”→“调整”→“亮度/对比度”命令，弹出“亮度/对比度”对话框，如图9-47所示。设置“亮度”数值为-70，“对比度”数值为60，效果如图9-48所示。

4. 曲线

“曲线”不仅可以对图像的整体色调进行调整，还可以对图像的单个颜色通道进行细致的调整。

单击“图像”→“调整”→“曲线”命令（或按Ctrl+M组合键），弹出“曲线”对话框，如图9-49所示。

- 预设：单击下拉列表框，预设9种常用的效果曲线，方便快速调整图像。
- 通过添加点来调整曲线：在对话框左侧，可以在曲线上添加控制点来调整曲线，拖动控制点即可改变曲线形状，如图9-50所示。
- 通过绘制来修改曲线：可以在曲线上绘制任意形态的曲线。绘制完成后单击按钮，可以显示曲线上的控点。
- 通道：单击下拉列表框，可以选择在RGB模式下调整曲线，也可以分别调整R、G、B三个通道。

单击“通道”下拉列表框，选择“红”通道选项，设置“输出”为181像素，“输入”为129像素；“绿”通道选项，设置“输出”为113像素，“输入”为148像素；选择“蓝”通道选项，设置“输出”为86像素，“输入”为153像素；图像的整体色调由冷色调调为暖色调的效果，如图9-51所示。

- 显示数量：包含“光”和“颜料/油墨”两个单选按钮，分别代表加色与减色模式状态。
- 网格大小：可显示不同大小的网格，简单网格以25%的增量显示网格线；详细网格以10%的增量显示网格。

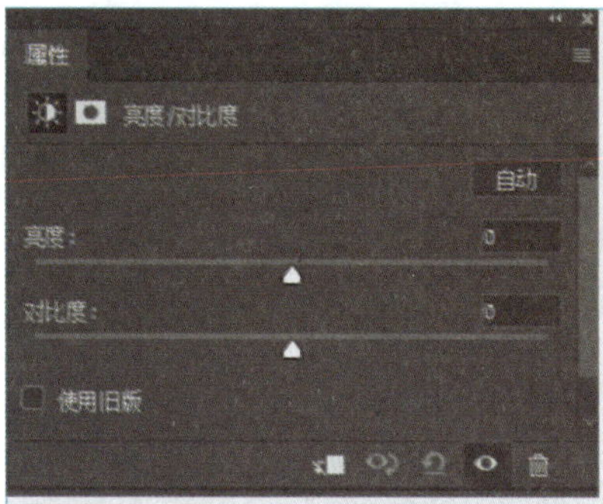

- 亮度：用来调节图像的亮度。
- 对比度：向左侧拖动“滑块”，暗部变暗，从而增加图像的对比度；向右侧拖动“滑块”，使图像的亮部和暗部都向灰色靠拢，直至完全变成灰色。

图9-47 “亮度/对比度”命令对话框

（a）原图像　　（b）调整后效果

图9-48 “亮度/对比度”命令的使用

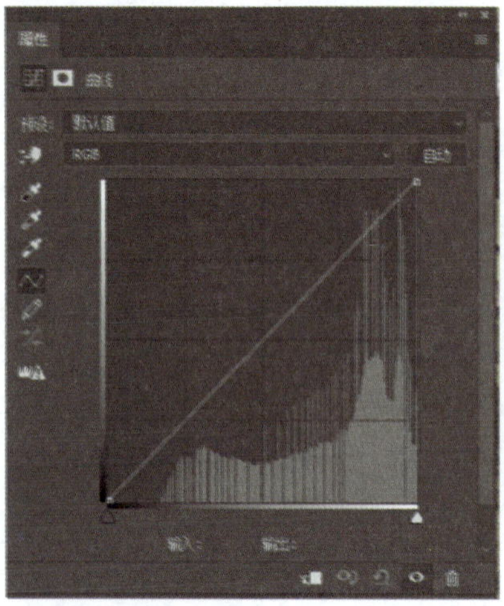

图9-49 曲线对话框

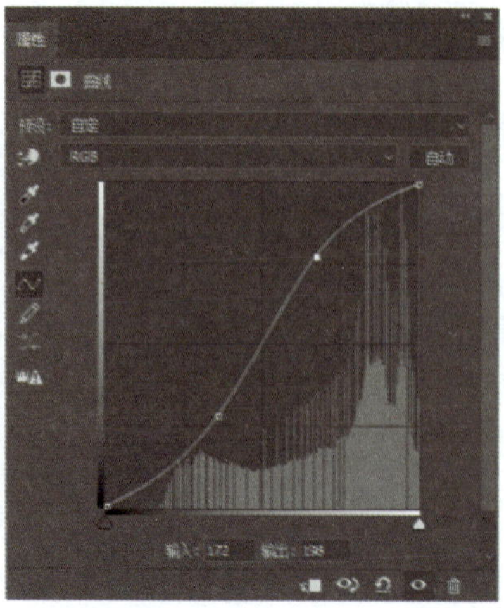

图9-50 改变曲线形状

（a）原图像

（b）调整后效果

图9-51　冷色调变暖色调的调整

- 显示：包含显示不同通道的曲线，显示对角线的那条浅灰色的基准线，显示色阶的直方图，显示拖动曲线时水平和竖直方向的参考线。

四、特殊色调的调整

1. 反相

“反相”可以制作照片底色的效果，将某个颜色换成其互补色，如黑色转为白色、红色转为绿色等。当图像反相时，通道中每个像素的亮度值都会被转换为256级颜色刻度相反的数值。

单击“图像”→“调整”→“反相”命令（或按Ctrl+I组合键），该命令自动对图像进行反向调整，如图9-52所示。

2. 去色

使用“去色”命令可将色彩图像转变为灰度图像，将图像的色彩饱和度设置为0，但图像的颜色模式和亮度保持不变。

单击“图像”→“调整→“去色”命令（或按Shift+Ctrl+U组合键），该命令自动调整为去色，效果如图9-53所示。

3. 黑白

“黑白”用于调整图像的明暗度，将图像中的色彩摒弃，呈单色或灰色显示，使图像产生极具艺术感的黑白效果，甚至呈现不同单色的艺术效果。

单击“图像”→“调整”→“黑白”命令（或按Alt+Shift+Ctrl+B组合键），弹出“黑白”对话框，如图9-54所示。“预设”选择默认值，“红色”设置为40%，“黄色”设置为60%，“绿色”设置为40%，“青色”设置为60%，“蓝色”设置为20%，“洋红”设置为80%，自动调整图像明暗，出现单色图像，效果如图9-55所示。

4. 阈值

“阈值”用于将彩色或灰色图像转换为高对比度的黑白图像。指定某个色阶作为阈值，一切亮于预设色阶像素的将转换为白色，反之为黑色。

单击“图像”→“调整”→“阈值”命令，弹出“阈值”对话框，如图9-56所示。设置“阈值色阶”为159，效果如图9-57所示。

（a）原图像　　（b）调整后效果

图9-52 “反向”命令的使用

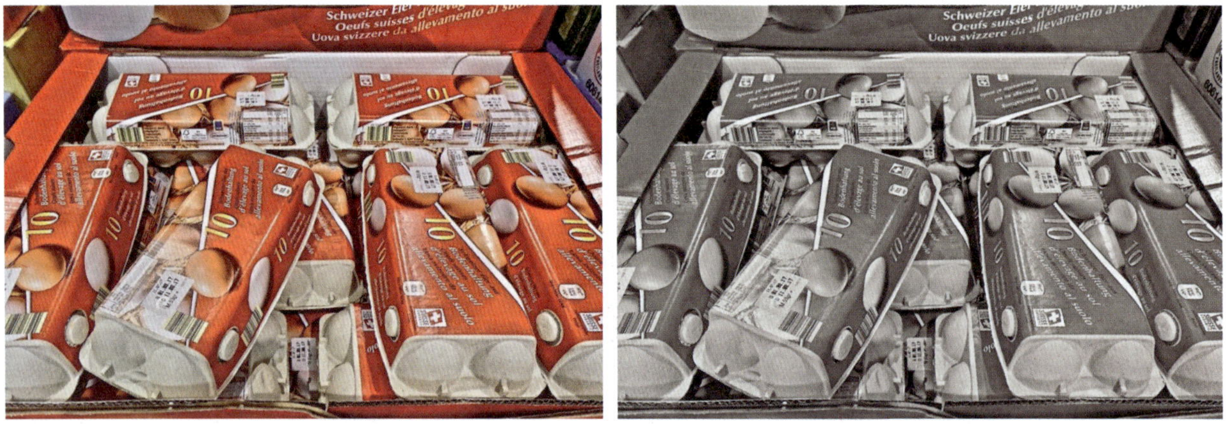

（a）原图像　　（b）调整后效果

图9-53 “去色”的使用

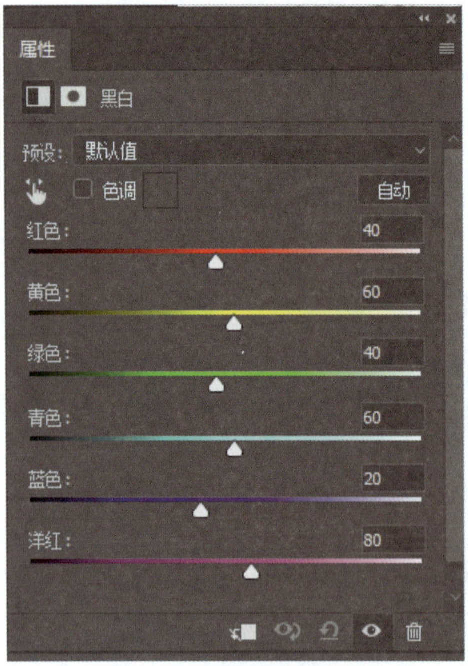

图9-54 “黑白”命令对话框

（a）原图像

（b）调整后效果

图9-55 “黑白”命令的使用

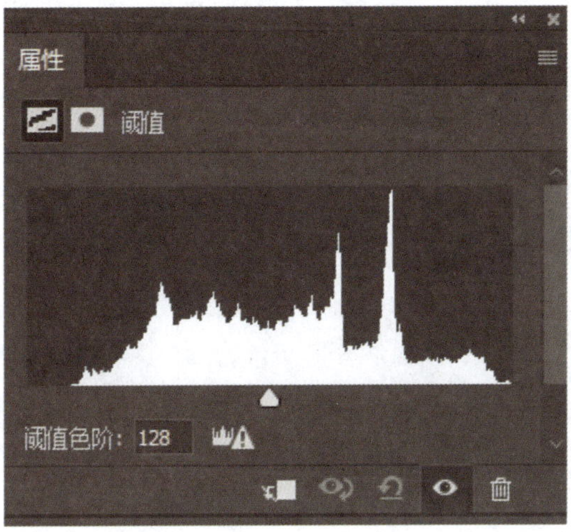

图9-56 “阈值”对话框

（a）原图像

（b）调整后效果

图9-57 “阈值”命令的使用

Ps 提示

在“阈值”对话框中，可对“阈值色阶”进行设置，图像中亮度值比其大的像素会变成白色，亮度值比其小的像素会变成黑色。

项目小结

本项目主要讲述了Photoshop软件中色彩调整与校正的一些常用命令。通过本项目的学习，应重点掌握以下内容：

1. 在学习图像色彩的调整时，要掌握和区分各调色命令的使用特点，调整图像色彩时更容易达到自己所期望的效果。

2. 在学习图像色调的调整时，重点掌握色阶和曲线的使用，如果能够自如地运用这两种命令，对图像色调的调整会非常顺利。

项目拓展

1. 收集或拍摄照片，设计制作一张小清新风格的明信片。

2. 收集或拍摄照片，设计制作一张温暖色调的明信片。

项目

10

滤镜的应用

项目提要

滤镜是Photoshop中令人十分青睐的一组工具，使用滤镜可以很便捷地创建出各种丰富的效果。通过本项目内容的学习，可以掌握并应用各种滤镜效果，打造出超炫的艺术效果。

学习目标

1. 滤镜库的使用。
2. 特殊滤镜的使用。
3. 内置滤镜的使用。
4. 智能滤镜的使用。

任务一　界面设计 健身APP登录页面

任务描述

随着人们生活水平的提高，人们越来越重视身体素质的提高及身形的塑造。本任务要求设计一款简单大方，能够准确传达主题信息，符合用户使用习惯的健身类APP登录界面，效果如图10-1所示。

图10-1　健身APP登录界面设计效果图

任务解析

1. 启动Photoshop图像处理软件，打开素材。
2. 使用“液化”命令给模特瘦身。
3. 使用高斯模糊命令制作背景模糊效果。
4. 使用圆角矩形工具绘制输入框并添加文字。

任务实现

①启动Photoshop图像处理软件，打开素材项目十（10.1）.jpg，如图10-2所示。单击“滤镜”→“液化”命令（或按Shift+Ctrl+X

组合键），弹出“液化”命令对话框，如图10-3所示。

②选择左侧工具组的“向前变形工具”，调整右侧画笔工具属性，“大小”设置为300，其他参数默认，在预览框中对人物腰部、手臂、腿部沿身体线条向里推动，可以达到瘦身效果，如图10-4所示。

图10-2 打开素材

图10-3 “液化”命令对话框

图10-4 “向前变形工具”的使用

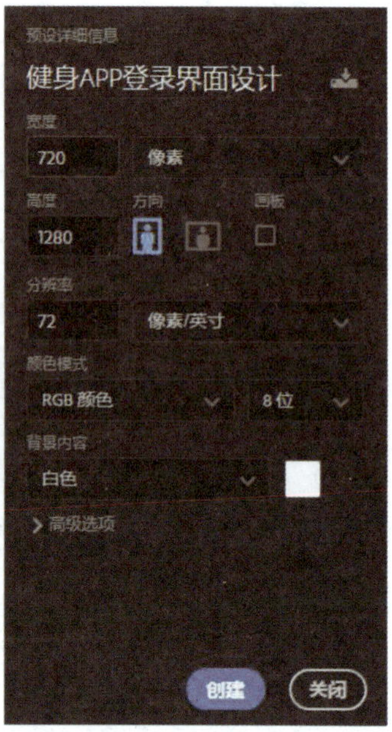

图10-5 新建“对话框”

③单击“文件”→“新建”命令，新建一个文件名为“健身APP登录界面设计”，“宽度”为720像素，“高度”为1280像素，“颜色模式”为RGB颜色，“分辨率”为72像素/英寸的文件，如图10-5所示。

④将“液化”处理后的文件移动至“手机APP登录界面设计”选项卡，图层命名为“人物素材”，调整合适的大小和位置，如图10-6所示。

图10-6 添加素材

⑤单击“选择”→“全部”命令（或按Ctrl+A组合键），单击“图层”→“新建”→“通过拷贝的图层”（或按Ctrl+J组合键），拷贝出“人物素材拷贝”图层，单击该图层“显示图标”按钮，隐藏图层，如图10-7所示。

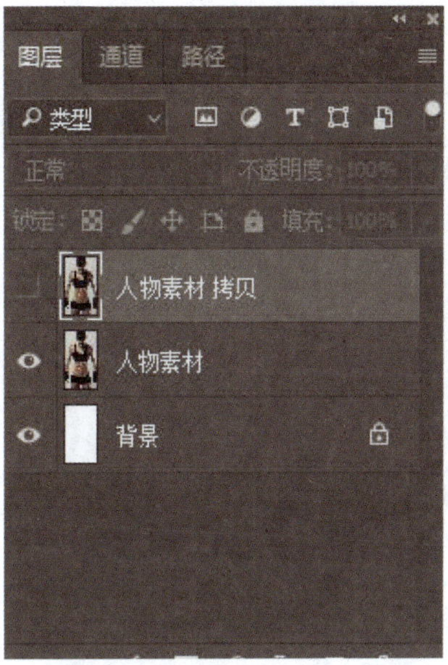

图10-7 拷贝并隐藏图层

⑥选择“人物素材”图层，单击“滤镜”→“模糊”→“高斯模糊”命令，“半径”设置为6像素，如图10-8所示。

⑦单击“人物素材拷贝图层”的“显示图标”按钮，显示该图层，按【Ctrl+T】组合键调整图像大小和位置。双击图层缩略图，弹出“图层样式”对话框，选择“描边”，设置描边大小为6像素，颜色为白色，如图10-9所示。

⑧选择工具箱中的“圆角矩形工具”，在图像中绘制圆角矩形。在选项栏选择“形状”选项，设置“填充”选项颜色为深灰色（212121），“描边”选项颜色为白色（ffffff），大小为1像素，形状宽度选项为500像素，高度选项为70像素，半径选项为15像素，如图10-10所示。

⑨按【Ctrl+J】组合键“通过拷贝的图层”两次，复制两个新的图层，分别为“圆角矩形1拷贝”和“圆角矩形1拷贝2”，调整合适的位置和间距。选中“圆角矩形1拷贝2”图层，修改选项栏“填充”选项，颜色设置为浅灰色（dcdcdc），如图10-11所示。

⑩将圆角矩形“图层样式”全部调整为“柔光”，并添加文字，最终效果如图10-12所示。

图10-8 “高斯模糊”命令的使用

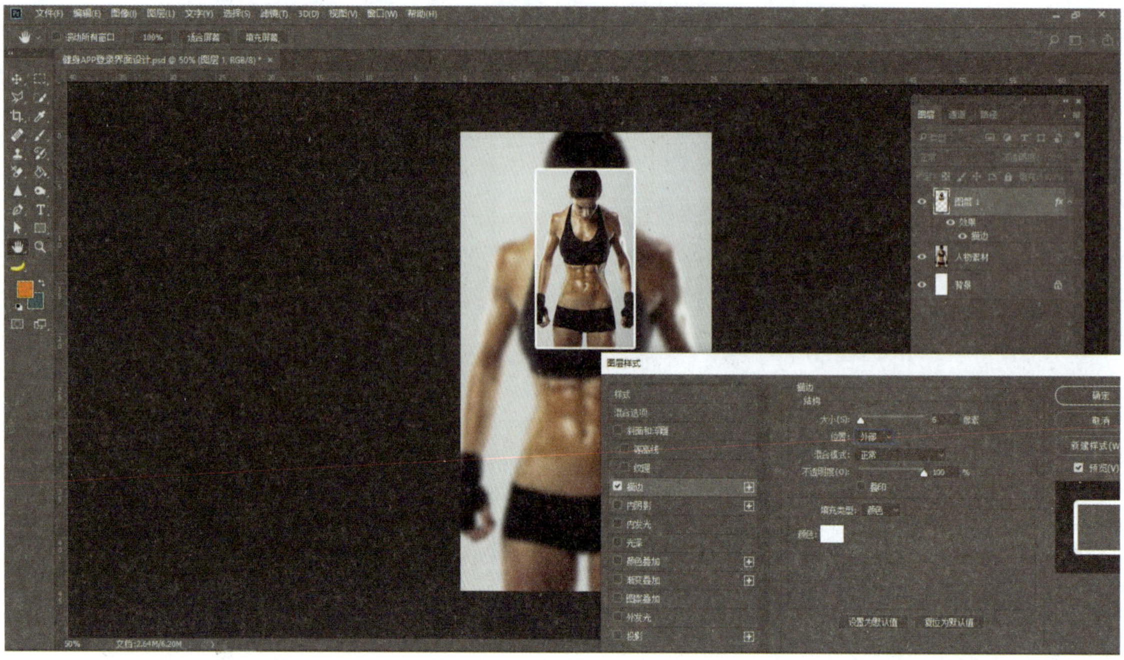

图10-9 “描边”命令的使用

图10-10 圆角矩形工具选项栏参数设置

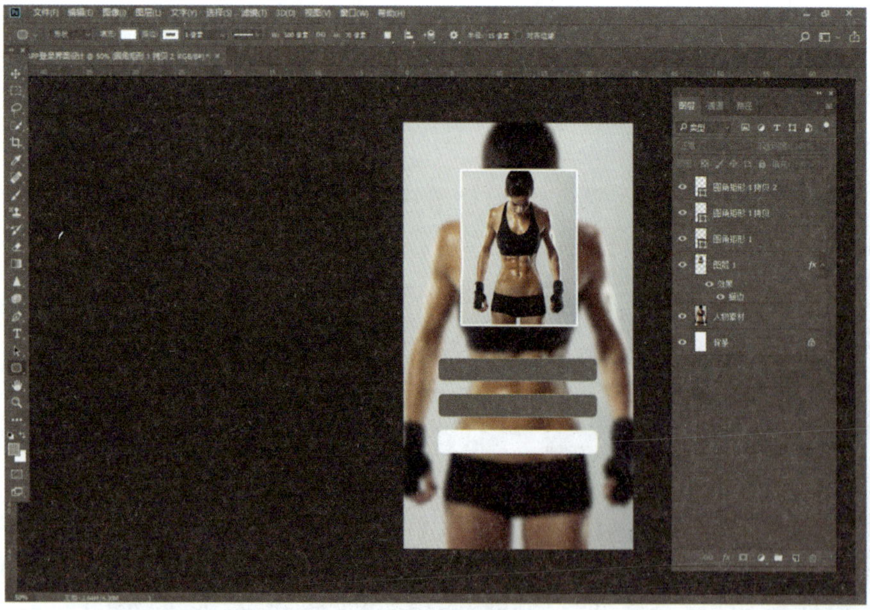

图10-11 拷贝与修改圆角矩形颜色

图10-12 健身APP登录界面设计添加文字后最终效果

任务二　培训机构课程展示平台登录界面设计

任务描述

某少儿培训机构为规范成果管理和品牌营销推广工作，需设计一款课程展示平台登录界面，要求少儿主题鲜明，简单易操作，能展现一定艺术效果，如图10-13所示。

任务解析

1. 启动Photoshop图像处理软件，新建文件。
2. 使用“矩形选框工具”制作矩形条。
3. 使用“滤镜库”水彩命令制作水彩效果。
4. 使用“滤镜库”纹理化命令制作纹理效果。
5. 使用“去色”命令和“色彩范围”命令删除部分笔触。
6. 使用“光照”命令凸显笔触效果。
7. 使用矩形工具绘制输入框及添加文字。

任务实现

①启动Photoshop图像处理软件，单击“文件”→“新建”命令，新建一个文件名为“培训机构课程展示平台登录界面设计”，“宽度”为1024像素，“高度”为768像素，“颜色模式”为RGB颜色，“分辨率”为72像素/英寸的文件，如图10-14所示。设置前景色为蓝色（c5ebfb），按【Alt+Delete】组合键以前景色填充背景，如图10-15所示。

②选择工具箱中的“矩形选框工具”绘制长条矩形选区，如图10-16所示。设置前景色为蓝色（0b45cd），按【Alt+Delete】组合键以前景色填充矩形选区，按【Ctrl+D】组合键取消选区，如图10-17所示。

图10-13　培训机构课程展示平台登录界面设计效果图

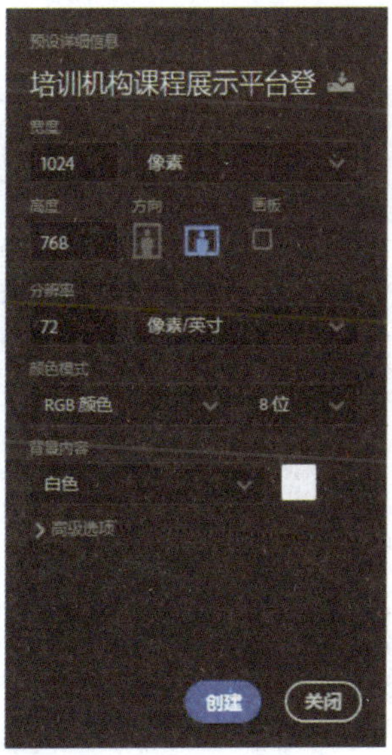

图10-14　“新建”对话框

图10-15 填充背景颜色

图10-16 绘制矩形选区

图10-17 填充颜色

③打开素材项目十（10.2）.jpg，将该素材文件移动至“培训机构课程展示平台登录界面设计”选项卡，调整至合适的位置，图层命名为“热气球”，如图10-18所示。

④单击“滤镜”→“滤镜库”→“艺术效果”→“水彩”命令，“画笔细节”设置为14，其他参数默认，如图10-19所示。

⑤单击“滤镜”→“滤镜库”→“纹理”→“纹理化”命令，“纹理缩放”设置为131%，其他参数默认，如图10-20所示。

⑥打开素材项目十（10.3）.jpg，将该素材文件移动至“培训机构课程展示平台登录界面设计”选项卡，调整至合适的位置，图层命名为“水粉画素材”，如图10-21所示。

图10-18　添加素材

图10-19　滤镜库“水彩”命令的使用

图10-20　滤镜库“纹理化”命令的使用

图10-21　添加水粉画素材

⑦单击“图像”→“调整”→“去色”命令（或按Shift+Ctrl+U组合键），调整为“黑白灰”色画面。单击“选择”→“色彩范围”命令，弹出色彩范围对话框，单击右侧的吸管按钮，将光标停留在画面灰色区域上，单击鼠标取样，如图10-22所示。设置“容差值”为119，其他参数默认，确定后得到取样颜色选区，按【Delete】键删除选区内容，如图10-23所示。

⑧单击“滤镜”→“渲染”→“光照”命令，在预览框中将光源定位在画面的中间，在“纹理通道”下拉列表中选择红，使纹理产生凸起，形成厚实的笔触效果，其他参数默认，单击确定，如图10-24所示。图层面板设置“图层混合模式”为叠加，效果如图10-25所示。

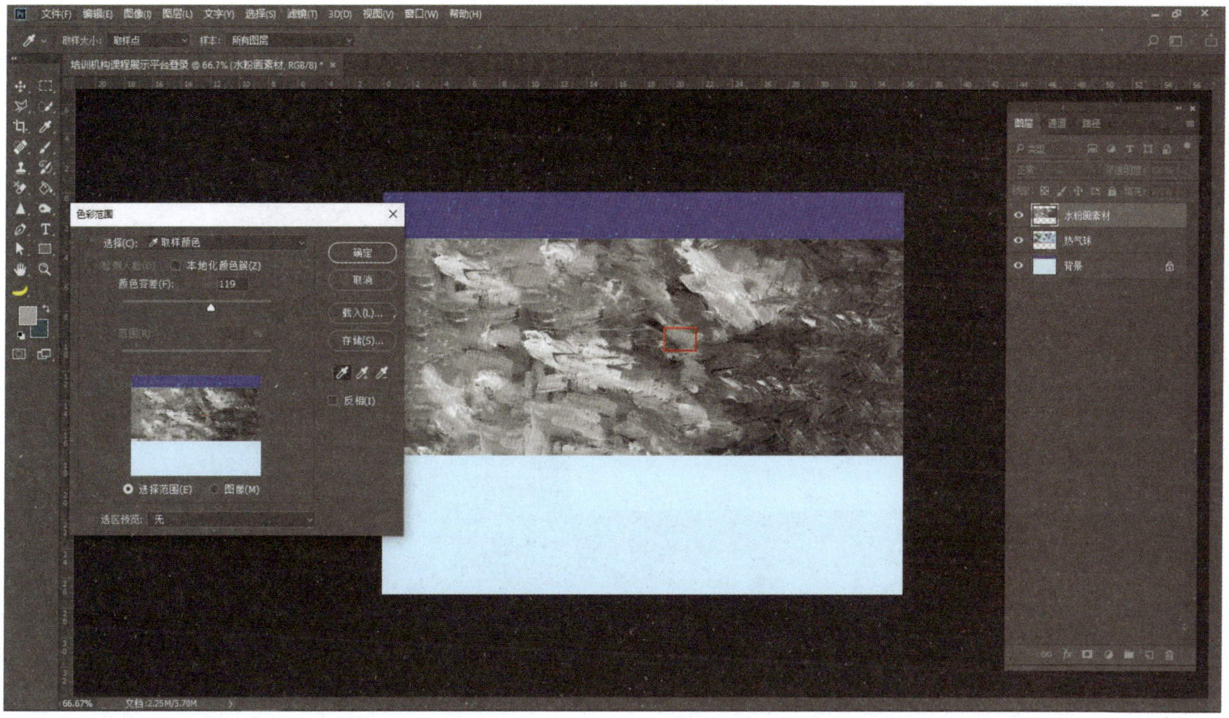

图10-22　吸管按钮取样

图10-23　“色彩范围”命令的使用

图10-24 “光照”命令的使用

图10-25 “图层混合模式”的使用

⑨选择工具箱中的“矩形工具”，在图像中绘制矩形，选项栏选择“形状”选项，“填充”选项为不填充，“描边”选项颜色为深灰色（929292），“大小”为1像素，“形状宽度”选项为115像素，“高度”选项为15像素，如图10-26所示。

⑩将“矩形1”图层选中，按【Ctrl+J】组合键复制两个图层，分别为“矩形1拷贝”和“矩形1拷贝2”，调整合适的位置和间距。选中“矩形1拷贝2”图层，修改选项栏“填充”选项，颜色设置为橘色至黄色渐变，如图10-27所示。

⑪添加文字，最终效果如图10-28所示。

图10-26　设置矩形工具选项栏

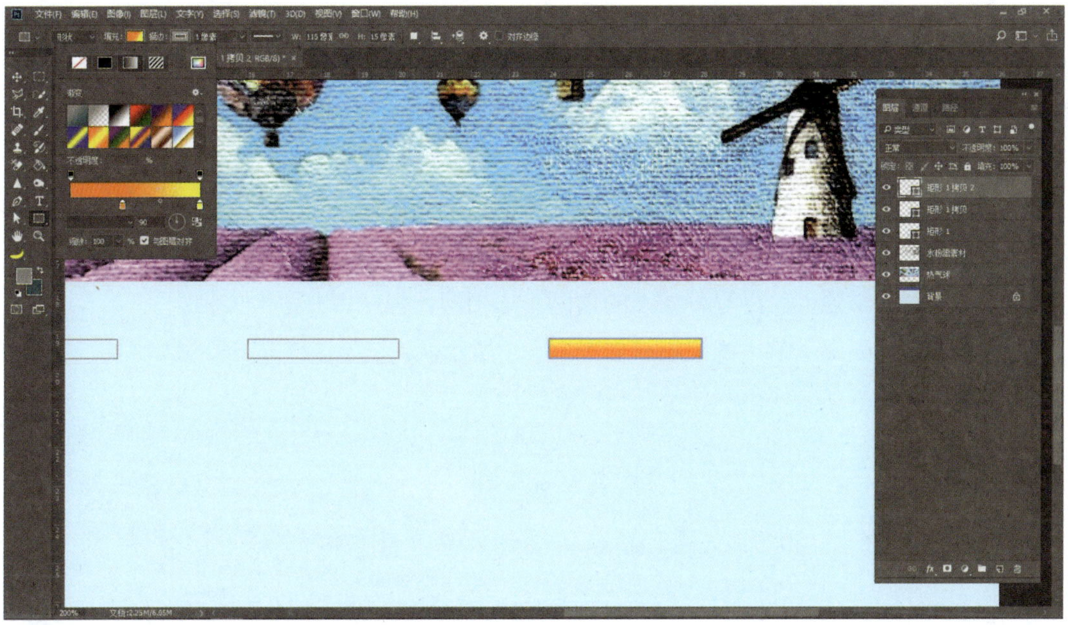

图10-27　修改矩形颜色

图10-28　培训机构课程展示平台登录界面设计添加文字后最终效果

项目相关知识

一、滤镜库

在Photoshop中，滤镜主要用来实现图像的各种特殊效果。该术语源于摄影领域，它是一种安装在摄影器材上的特殊镜头，能够模拟一些特殊光照效果或带有装饰性的纹理效果。

Photoshop滤镜包含内置滤镜和外挂滤镜两种。内置滤镜指的是Photoshop自带的滤镜，通常情况下，默认安装到Plug-ing目录下。外挂滤镜即第三方滤镜，它是由第三方厂商为Photoshop所生产的滤镜，不仅种类齐全，功能也非常强大。尽管各滤镜的功能不尽相同，但使用方法大体相同。

滤镜库以缩览图的形式，列出了常用滤镜组，如图10-29所示。

二、特殊滤镜

特殊滤镜包括“抽出”“液化”和“消失点”等。

1. 抽出滤镜

“抽出”滤镜自CS5开始就不再显示了，用户可以从第三方下载使用。也可以通过新增的“选择并遮住”工作区里的“调整边缘”功能实现抽出效果，此功能相比之前的抽出滤镜，操作更加方便、快捷。具体使用方法可以查看本书项目二选区的应用中“选择并遮住”工作区里“调整边缘”命令的使用。

2. 液化滤镜

“液化”滤镜用于推、拉、旋转、反射、折叠和膨胀图像的任意区域，是修饰图像和创建艺术效果的强大工具。

图10-29　滤镜库窗口

单击“滤镜”→“液化”命令，弹出“液化”窗口，如图10-30所示。

(1) 扭曲工具组

- 向前变形工具：在移动鼠标时向前推动像素。
- 重建工具：使用该工具在已发生变形的区域拖动，可以使已变形的图像恢复为变形前的状态。
- 平滑工具：该工具适用于已经使用了“向前变形工具”的基础上，使用此工具在图片上变形过的边缘处进行拖曳，图片的边缘会更加平滑舒适。
- 顺时针旋转扭曲工具：在按住鼠标左键或拖动时可顺时针旋转像素，按【Alt】键单击或拖动时，可以逆时针旋转像素。
- 褶皱工具：按住鼠标左键或拖动时使像素朝着画笔区域的中心移动。
- 膨胀工具：在按住鼠标左键或拖动时使像素朝着离开画笔区域中心的方向移动，其效果与褶皱工具相反。
- 左推工具：垂直向上拖动该工具时，像素向左移动（如果向下拖动，像素会向右移动）。围绕对象顺时针拖动可以增加其大小，逆时针拖动可以减小其大小。
- 冻结蒙版工具：使用该工具在图像上拖动时，图像中画笔经过的区域会被冻结，冻结的部分不受变形的影响。
- 解冻蒙版工具：使用该工具在图像上已经冻结的区域内拖动时，画笔经过的区域将会被解冻。
- 脸部工具：使用该工具在人脸的五官部位上下或左右拖动鼠标，人脸的五官会随拖动发生大小、宽窄等不同的变化。

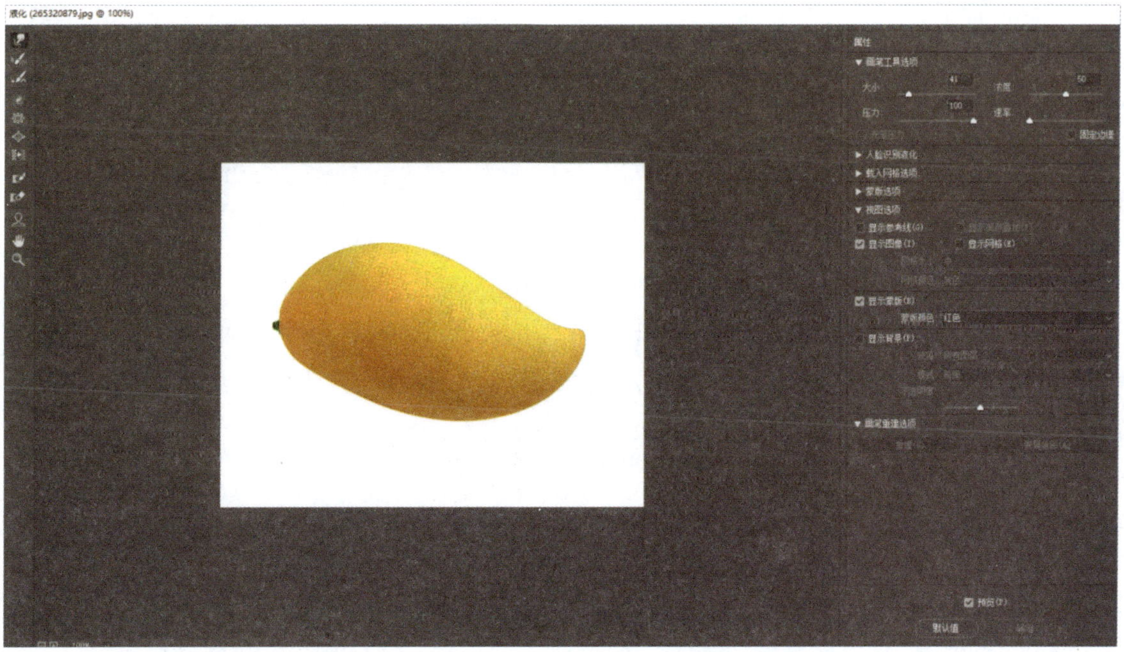

图10-30 “液化”命令窗口

（a）原图

（b）向前变形工具的使用

（c）褶皱工具的使用

（d）膨胀工具的使用

图10-31 “液化”命令部分效果的使用

（2）液化工具选项

- 画笔大小：设置将用来扭曲图像的画笔的宽度。
- 画笔浓度：设置控制画笔与图像像素的接触范围，数值越大，范围越广。
- 画笔压力：设置控制画笔的涂抹力度。
- 画笔速率：设置控制重建、膨胀工具在图像中单击时的扭曲速度。
- 画笔重建选项：设置重建工具重建图像的方式。
- 人脸识别液化选项区：设置对人脸五官部位的液化。
- 蒙版选项：用于设置图像中存在的蒙版、通道等效果的混合选项。
- 视图选项：用于设置预览区域的显示状态。

使用“液化”命令部分效果如图10-31所示。

3. 消失点滤镜

使用“消失点”滤镜命令中的工具可以在已创建的图像选区内进行克隆、喷绘、粘贴图像等操作。所进行的操作会自动应用透视原理，按照透视的比例和角度自动计算，自动适应对图像的修改，从而节约精确设计和制作多面立体效果所需要的时间。“消失点”滤镜命令还可以将图像依附到三维图像上，系统会自动计算图像的各个面的透视程度。

三、内置滤镜

1. 风格化滤镜组

风格化滤镜主要作用于图像的像素，可以产生不同风格的印象派艺术效果。单击“滤镜”→“风格化”

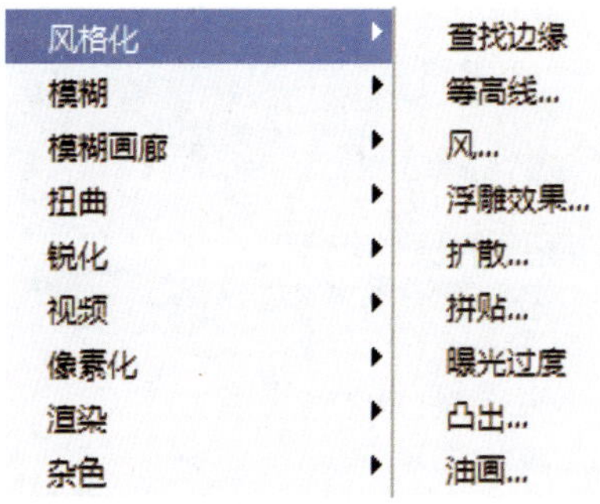

图10-32　风格化滤镜组

命令，弹出所有风格化滤镜组，包括查找边缘、等高线、风、浮雕效果、扩散、拼贴、曝光过度、凸出、油画等，如图10-32所示。

（1）查找边缘

使用“查找边缘”滤镜可以强调图像的轮廓，用彩色线条将勾画出彩色图像边缘，用白色线条将勾画出灰度图像边缘。

（2）等高线

使用“等高线”滤镜可以查找图像中主要亮度区域的过渡区域，并对每个颜色通道用细线勾画这些边缘。

（3）风

使用“风”滤镜可以在图像中创建细小的水平线以模拟风的效果。

（4）浮雕效果

使用“浮雕效果”滤镜可以将图像的颜色转换为灰色，并用原图像的颜色勾画边缘，使选区显得凸出或下陷。

（5）油画

使用“油画”滤镜可以使图像变换成油画质感。

使用“风格化”滤镜组中的部分滤镜效果如图10-33所示。

2. 画笔描边滤镜组

“画笔描边”滤镜组可以使用不同的画笔和油墨笔接触产生不同风格的绘画效果，可以对图像增加颗粒、绘画、杂色、边缘细线或纹理，包括成角的线条、墨水轮廓、喷溅、喷色描边、强化的边缘、深色线条、烟灰墨及阴影线滤镜。

（a）原图

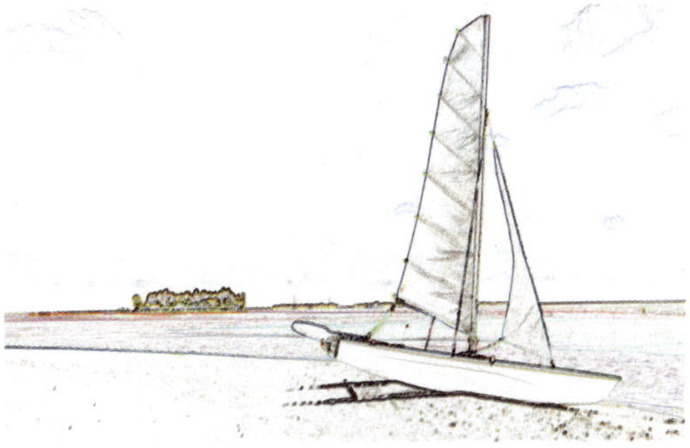

（b）查找边缘

（c）风

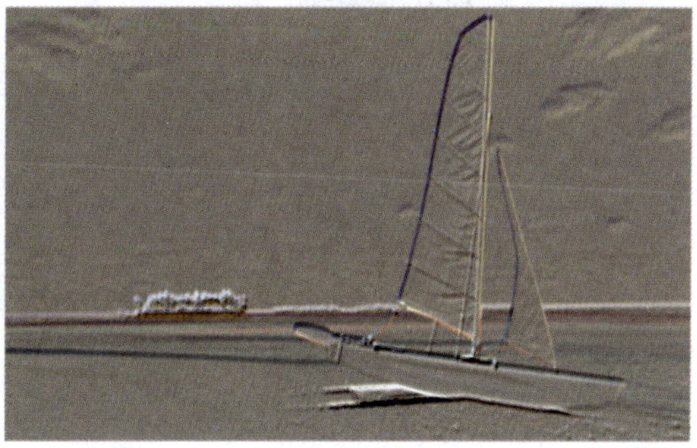

（d）浮雕效果

图10-33　“风格化”滤镜部分效果的使用

（1）成角的线条

使用“成角的线条”滤镜可以用对角线修描图像。

（2）墨水轮廓

“墨水轮廓”滤镜是指使用细、窄的线条采用笔和墨水样式重新绘制图像的原始细节。

（3）喷溅

使用“喷溅”滤镜可以产生与喷枪喷绘一样的效果。喷色描边可以产生斜纹的喷色线条。

（4）喷色描边

“喷色描边”滤镜是使用图像的主导色，用成角的、喷溅的颜色线条重新绘画图像，可以产生一种按一定方向喷洒水花的效果。

（5）强化的边缘

使用“强化的边缘”滤镜可以强化图像的边缘。

（6）深色线条

“深色线条”滤镜是指使用短、密的线条绘制图像中与黑色接近的深色区域，并用长的白色线条绘画图像中较浅的颜色。

（7）烟灰墨

使用“烟灰墨”滤镜可以在原来的细节上用精细的细线重绘图像，表现的是钢笔油墨风格。

（8）阴影线

使用“阴影线”滤镜可以模拟铅笔阴影线为图像添加纹理，并保留原图像的细节和特征。

使用画笔描边滤镜组中的部分滤镜效果如图10-34所示。

（a）原图　（b）成角的线条　（c）喷溅　（d）深色线条

图10-34 “画笔描边”滤镜组部分效果的使用

3. 扭曲滤镜组

“扭曲”滤镜组可以对图像进行各种变形。

(1) 玻璃

使用“玻璃”滤镜可以使图像好像透过不同种类的玻璃进行观看。应用此图案可以创建玻璃表面。

(2) 海洋波纹

使用“海洋波纹”滤镜可以为图像表面增加随机间隔的波纹，使图像看起来像在水面上。

(3) 扩散亮光

使用“扩散亮光”滤镜可以为图像添加透明的背景色颗粒，在亮区向外扩散，使图像看起来有发光的效果。

(4) 波浪

使用“波浪”滤镜可以产生多种波动效果。

(5) 波纹

使用“波纹”滤镜可以在图像中创建起伏图案，模拟水池表面的波纹。

(6) 极坐标

使用“极坐标”滤镜可以将图像从直角坐标转换成极坐标，反之亦然。

(7) 球面化

使用“球面化”滤镜可以将图像产生扭曲并伸展以产生包在球体上的效果。

使用“扭曲”滤镜组中的部分滤镜效果如图10-35所示。

(a) 原图　(b) 玻璃　(c) 扩散亮光　(d) 球面化

图10-35 “扭曲”滤镜组部分效果的使用

（a）原图　（b）半调图案　（c）绘图笔　（d）水彩画纸

图10-36 “素描”滤镜组中的部分滤镜效果

4. 素描滤镜组

“素描”滤镜组可以给图像增加各种艺术效果的纹理，产生素描、速写等艺术效果，也可以制作三维背景。

（1）半调图案

使用“半调图案”滤镜可以在保持连续的色调范围的同时，模拟半调网屏的效果。

（2）绘图笔

使用“绘图笔”滤镜可以用精细的直线油墨线条来描绘原图像中的细节以产生素描效果。

（3）基底凸现

使用“基底凸现”滤镜可以使图像变为具有浅浮雕效果的图像。图像的较暗区使用前景色，较亮的颜色使用背景色。

（4）石膏效果

使用“石膏效果”滤镜可以使图像产生石膏雕像效果。

（5）水彩画纸

使用“水彩画纸”滤镜可以产生潮湿的纤维纸上绘画的效果，使颜色溢出和混合。

使用“素描”滤镜组中的部分滤镜效果如图10-36所示。

5. 纹理滤镜组

使用“纹理”滤镜组可以为图像添加具有深度感和材料感的纹理。

（1）龟裂缝

使用“龟裂缝”滤镜可以沿着图像轮廓产生精细的裂纹网。

（2）颗粒

使用“颗粒”滤镜可以模拟不同种类的颗粒来给图像增加纹理。

（3）马赛克拼贴

使用“马赛克拼贴”滤镜可以将图像分裂为具有缝隙的小块。

（4）拼缀图

使用“拼缀图”滤镜可以将图像拆分为整齐排列的方块，用图像中该区域最显著的颜色填充。

（5）染色玻璃

使用“染色玻璃”滤镜将图像重绘为以前景色勾画的单色相邻单元格。

（6）纹理化

使用“纹理化”滤镜可以在图像上应用用户选择或创建的纹理。

使用“纹理”滤镜组中的部分滤镜效果如图10-37所示。

6. 艺术效果滤镜组

使用“艺术效果”滤镜组可以模拟多种现实世界的艺术手法，制作精美的艺术绘画效果，也可以制作用于商业的特殊效果图像。

（1）壁画

使用“壁画”滤镜可以用短的、圆的和潦草的斑点绘制风格粗犷的图像。

（2）粗糙蜡笔

使用“粗糙蜡笔”滤镜可以产生薄薄的浮雕效果，并且使用彩色粉笔在浮雕背景上描绘彩色图像。

（3）干画笔

使用“干画笔”滤镜可以减少图案中复杂的颜色，并将其替换成常用的颜色。应用该滤镜后图像显得干涩，介于油画和水彩画之间。

（4）胶片颗粒

使用“胶片颗粒”滤镜可以在图像的暗调和中间调部分运用均匀的图案。

（5）木刻

使用“木刻”滤镜可以将图像变为高对比度的图像，使图像看起来好像一幅彩色剪影图。

（6）塑料包装

使用“塑料包装”滤镜可以使图像产生闪亮的塑料包装效果。

使用“艺术效果”滤镜组中的部分滤镜效果如图10-38所示。

7. 模糊滤镜组

“模糊”滤镜组可以模糊图像，对修饰图像非常有用。模糊的原理是将图像中要模糊的硬边区域相邻近的像素值平均而产生平滑的过滤效果，主要有动感模糊、高斯模糊、进一步模糊、径向模糊、特殊模糊、表面模糊滤镜。

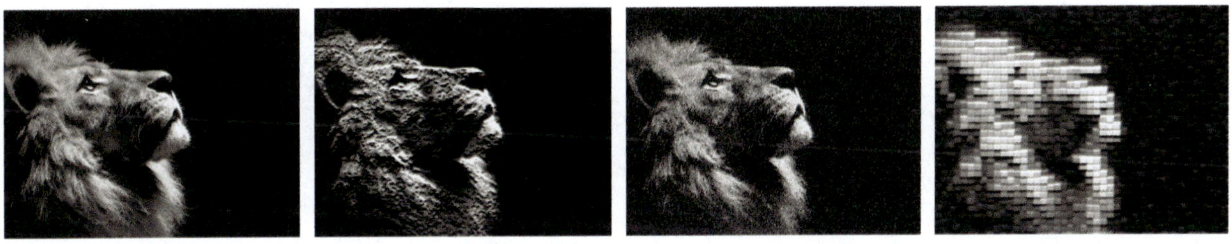

（a）原图　（b）龟裂缝　（c）颗粒　（d）拼缀图

图10-37 “纹理”滤镜组中的部分滤镜效果

（a）原图　（b）壁画　（c）粗糙蜡笔　（d）胶片颗粒

图10-38 “艺术效果”滤镜组中的部分滤镜效果

（1）动感模糊

使用“动感模糊”滤镜能以某种方向（-360°至360°）和某种强度（1～999）模糊图像。此滤镜效果类似于用固定的曝光时间给运动的物体拍照。

（2）高斯模糊

使用“高斯模糊”滤镜可以按可调的数量快速地模糊选区。高斯指的是当 Adobe Photoshop对像素进行加权平均时所产生的菱形曲线。该滤镜可以添加低频的细节并产生朦胧效果。

（3）进一步模糊

使用“进一步模糊”滤镜可以消除图像中有明显顶色变化处的杂点，所产生的效果比“模糊”滤镜强3～4倍。

（4）径向模糊

使用“径向模糊”滤镜可以模糊前后移动相机或旋转相机产生的模糊，以制作柔和的效果。

（5）特殊模糊

使用“特殊模糊”滤镜可以对一幅图像进行精细模糊。指定半径能够确定滤镜可以搜索不同像素进行模糊的范围：指定阈值可以确定像素与被消除像素有多大差别；在对话框中也可以指定模糊品质；还可以设置整个选取的模式，或颜色过渡边缘的模式。

（6）表面模糊

使用“表面模糊”滤镜可以在保留边缘的同时模糊图像。此滤镜用于创建特殊效果并消除杂色或粒度。

使用“模糊”滤镜组中的部分滤镜效果如图10-39所示。

8. 锐化滤镜组

锐化滤镜组通过增强相邻像素间的对比度来减弱或消除图像中的模糊现象，以得到清晰的效果，它可用于因摄影及扫描图片等原因所造成的模糊现象。

（1）USM锐化

使用“USM锐化”滤镜可以通过增加相邻像素的对比度而使模糊的图像清晰。

（2）防抖

使用“防抖”滤镜可以在不增加噪点，不影响画质的前提下，使因轻微抖动而造成的模糊能瞬间重新清晰起来。

（3）进一步锐化

使用“进一步锐化”滤镜可以得到比“锐化”滤镜更强的锐化效果。

（a）原图　（b）动感模糊　（c）高斯模糊　（d）径向模糊

图10-39 “模糊”滤镜组中的部分滤镜效果

（4）锐化

使用“锐化”滤镜可以聚焦选区并提高其清晰度。

（5）锐化边缘

使用“锐化边缘”滤镜可以查找图像中有明显颜色转换区域并进行锐化，可以调整边缘细节的对比度，并在边缘的每侧制作一条更亮或更暗的线，以强调边缘，产生更清晰的图像幻觉。

（6）智能锐化

使用“智能锐化”滤镜通过设置锐化算法或控制阴影和高光中的锐化量来锐化图像，该滤镜具有“USM锐化”滤镜所没有的锐化控制功能，用户可以自行设定参数设置。

9. 像素化滤镜组

使用“像素化”滤镜组可以将指定单元格中的相似颜色值结块并平面化。

（1）彩块化

使用“彩块化”滤镜可以将纯色或相似颜色的像素结块为彩色像素块。使用该滤镜可以使图像看起来有手绘的效果。

（2）彩色半调

使用“彩色半调”滤镜可以在图像的每个通道上模拟使用扩大的半调网屏的效果。

（3）点状化

使用“点状化”滤镜可以将图像中的颜色分散为随机分布的网点。

（4）晶格化

使用“晶格化”滤镜可以将像素结块为纯色多边形。

（5）马赛克

使用“马赛克”滤镜可以将像素结块为方块，每个方块内的像素颜色相同。

（6）碎片

使用“碎片”滤镜可以将图像中的像素创建4份备份，进行平均，再使它们互相偏移。

（7）铜版雕刻

使用“铜版雕刻”滤镜可以将灰度图像转换为黑白区域的随机图案，将彩色图像转换为全饱和颜色随机图案。

使用“像素化”滤镜组中的部分滤镜效果如图10-40所示。

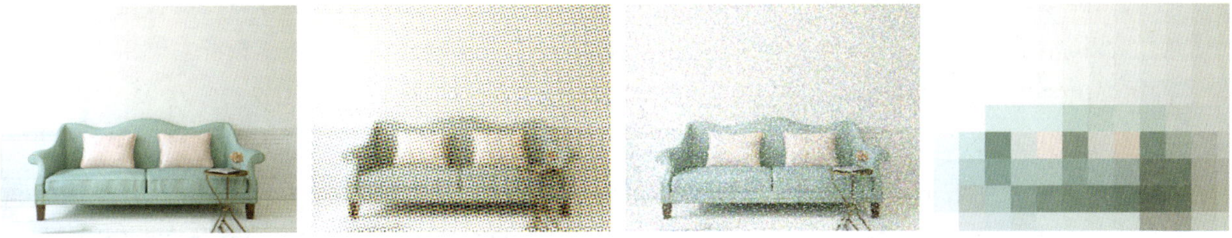

（a）原图　（b）彩色半调　（c）点状化　（d）马赛克

图10-40 “像素化”滤镜组中的部分滤镜效果

（a）原图　（b）分层云彩　（c）镜头光晕　（d）云彩

图10-41 “渲染”滤镜组中的部分滤镜效果

10. 渲染滤镜组

使用“渲染”滤镜组可以在图像中创建三维图形、云彩图案、折射图案和模拟光线反射。

3D变换可以将图像映射到立方体、球体和圆柱上，然后进行三维空间旋转。

（1）分层云彩

使用“分层云彩”滤镜可以随机生成介于前景色与背景色之间的值，生成云彩图案。

（2）光照效果

使用“光照效果”滤镜可以通过改变17种光照样式、3种光照类型和4套光照属性在RGB图像上产生无数种光照效果。还可以使用灰度文件的纹理（称为凹凸图）产生类似3D的效果，并存储自己的样式以在其他图像中使用。

（3）镜头光晕

使用“镜头光晕”滤镜可以模拟亮光照在相机镜头所产生的折射。

（4）纤维

使用“纤维”滤镜可以使前景色和背景色创建编织纤维的外观。

（5）云彩

使用“云彩”滤镜可以使前景色和背景色随机产生柔和的云彩图案。

使用“渲染”滤镜组中的部分滤镜效果如图10-41所示。

四、智能滤镜

1. 创建智能滤镜

在使用智能滤镜之前，首先需要将普通图层转换为智能对象，然后按普通的方式使用滤镜即可，如图10-42所示。

2. 停用与清除智能滤镜

停用智能滤镜是指暂时不使用智能滤镜，只是将智能滤镜的效果隐藏；清除智能滤镜是指将所应用的智能滤镜清除。执行这些操作，可以在智能滤镜所对应的快捷菜单中进行，鼠标右键单击智能滤镜，即可弹出快捷菜单，如图10-43所示。

3. 编辑智能滤镜选项

为智能对象添加智能滤镜后，可以在后续工作中调整智能滤镜的参数，或者更改智能滤镜与图层的混合选项，这是普通滤镜所不能做到的，编辑智能滤镜选项可以在对应的快捷菜单中进行，如图10-44所示。

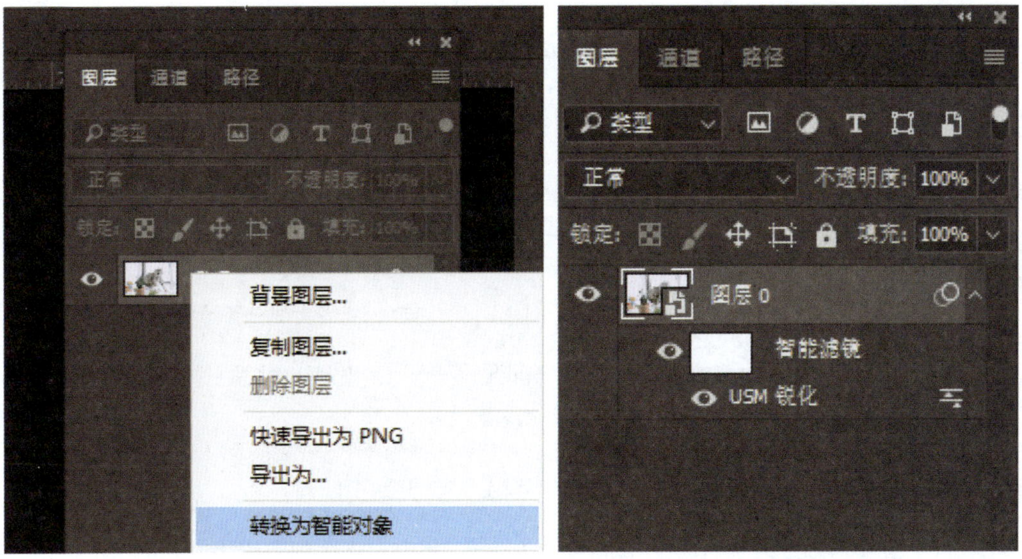

（a）转换为智能对象　　（b）创建智能滤镜

图10-42　创建智能滤镜

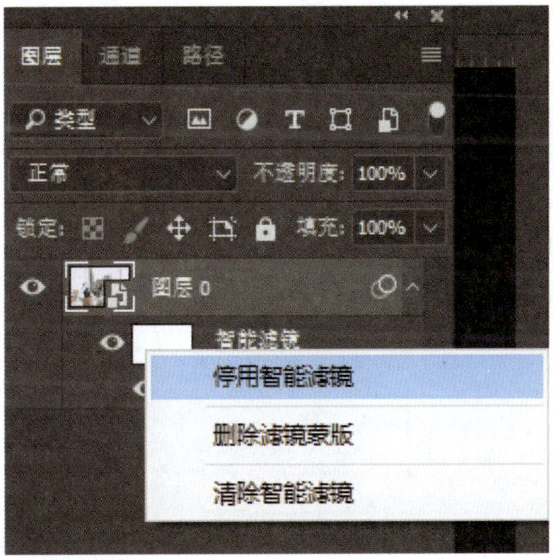

图10-43　智能滤镜快捷菜单

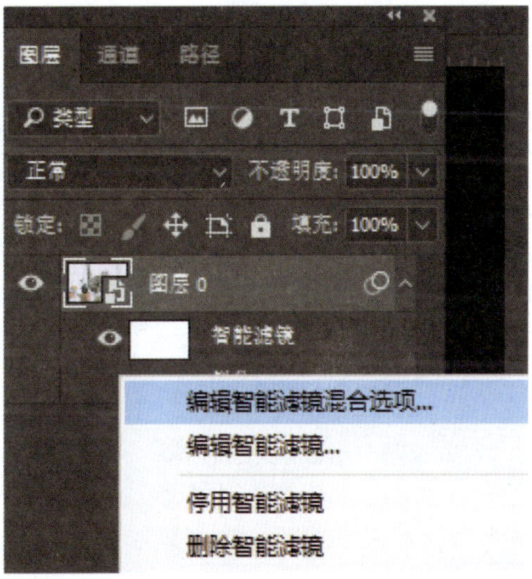

图10-44　编辑智能滤镜

项目小结

本项目主要讲述了滤镜的使用，滤镜基于像素对图像产生了形变。滤镜可以用来方便快捷地制作各种特殊效果。通过本项目的学习，应重点掌握以下内容：

1. 在学习普通滤镜时，需要掌握各种滤镜可制作的效果，以便灵活地运用到各种设计作品中。

2. 在使用液化命令中的“向前变形工具”时，将“大小”的设置适当调大，将“压力”的设置稍微调小，图片处理时比较容易达到理想效果。

项目拓展

1. 以“赛车游戏”为主题制作一个手机版APP登录界面。

2. 以“赛车游戏”为主题制作一个电脑版游戏登录界面。

参考文献

[1] 陈传起，杨振宇. Photoshop图形图像处理技术项目化教程［M］. 北京：中国轻工业出版社. 2016.

[2] 尤凤英，神伟，李明. Photoshop平面设计［M］. 北京：清华大学出版社. 2013.

[3] 石燕芬，王铮. Photoshop图像处理标准培训课程［M］. 北京：北京日报出版社. 2018.

[4] 顾桢. 电子商务美工技术教程［M］. 北京：中国人民大学出版社. 2016.

[5] 狸雅人. Photoshop智能手机APP界面设计［M］. 北京：人民邮电出版社. 2013.